Q&A 農地の権利移動・転用許可の判断
─要否・許否・手続─

共著 岩崎 紗矢佳（弁護士）
　　 松澤 龍人
　　 飯田 淳二
　　 村田 好光
　　 小嶋 俊洋

新日本法規

はしがき

　農地法は、戦後の農地改革を経て、昭和27年に創設され、施行されました。

　自作農創設特別措置法を引き継ぐ形で施行された農地法は、その目的を自作に見出し、農地の権利移動や設定を統制し、国土である貴重な農地を守る法律としてその役割を果たしていく一方、あまりにも目まぐるしく変化する社会に対応すべく、法改正やバイパス法の制定を繰り返してきました。

　そして、平成21年12月15日施行の農地法一部改正により、自作主義から貸借等による規模拡大をはかっていくことを目的とした法に大きく転換する、いわゆる平成の大改革が行われます。

　本改正をきっかけに、さらに、時代背景を鑑み、農地制度の改正や新たな農地関係制度の創設が加速的に繰り返され、伴うように農地の権利移動や転用の手続も、多様に他法令が絡み合うこともあり、より複雑に、そして煩雑化しています。

　このことから、事例に基づく農地の権利移動や転用の解説書がより一層求められるようになりました。

　本書は、農地法のみならず、農地の権利移動や転用の手続に伴う農地関係制度についてQ＆Aにて事例に基づき具体的に解説しています。

　本書を広くご活用いただき、読者の皆様に少しでもお役にたてることができれば執筆者一同望外の幸せです。

　最後に、本書の出版の機会を与えてくださいました新日本法規出版株式会社の福岡亮祐氏をはじめ編集部また関係各位に心より感謝を申し上げます。

　令和6年11月

岩崎　紗矢佳
松澤　龍人
飯田　淳二
村田　好光
小嶋　俊洋

執 筆 者 一 覧

岩崎　紗矢佳（弁護士）

松澤　龍人（一般社団法人　東京都農業会議　事務局次長兼業務部長）

飯田　淳二（一般社団法人　東京都農業会議　主任）

村田　好光（一般社団法人　東京都農業会議　業務部次長）

小嶋　俊洋（一般社団法人　東京都農業会議　主任）

略　語　表

＜法令等の表記＞

　根拠となる法令等の略記例及び略語は次のとおりです。〔　〕は本文中の略語を示します。

　　農地法第3条第1項第12号＝農地3①十二

　　令和6年3月25日付け5農振2825号＝令6・3・25　5農振2825

農地	農地法	租特	租税特別措置法
農地令	農地法施行令	租特令	租税特別措置法施行令
農地則	農地法施行規則	地税	地方税法
医療	医療法	特定農地貸付	特定農地貸付けに関する農地法等の特例に関する法律〔特定農地貸付法〕
介保	介護保険法		
公有地拡大	公有地の拡大の推進に関する法律〔公拡法〕	特定農地貸付則	特定農地貸付けに関する農地法等の特例に関する法律施行規則
公有地拡大令	公有地の拡大の推進に関する法律施行令	都計	都市計画法
市民農園	市民農園整備促進法	都市農地	都市農地の貸借の円滑化に関する法律〔都市農地貸借円滑化法〕
市民農園令	市民農園整備促進法施行令		
市民農園則	市民農園整備促進法施行規則	都市農地則	都市農地の貸借の円滑化に関する法律施行規則
社福	社会福祉法	農経基盤	農業経営基盤強化促進法
生産緑地	生産緑地法	農振地域	農業振興地域の整備に関する法律〔農振地域法〕
生産緑地令	生産緑地法施行令		
生産緑地則	生産緑地法施行規則	農振地域令	農業振興地域の整備に関する法律施行令
相税	相続税法	農振地域則	農業振興地域の整備に関する法律施行規則
相税令	相続税法施行令		
相続国庫帰属	相続等により取得した土地所有権の国庫への帰属に関する法律	農地中間	農地中間管理事業の推進に関する法律〔農地中間管理事業法〕
		不登	不動産登記法

民	民法	処理基準	農地法関係事務に係る処理基準について（平成12年6月1日付け12構改B第404号）
民執	民事執行法		
民訴	民事訴訟法		
民調	民事調停法	措通	租税特別措置法（相続税法の特例関係）の取扱いについて
運用通知	「農地法の運用について」の制定について（平成21年12月11日付け21経営第4530号・21農振第1598号）		
ガイドライン	農業振興地域制度に関するガイドライン（平成12年4月1日付け12構改C第261号）		

＜判例の表記＞

　根拠となる判例の略記例及び出典の略称は次のとおりです。

　最高裁判所昭和50年4月11日判決、最高裁判所民事判例集29巻4号417頁＝最判昭50・4・11民集29・4・417

裁判集民	最高裁判所裁判集民事
民集	最高裁判所民事判例集

目　次

第1章　農地の取得

（総　則）

〔1〕 農地の所有権の取得や貸借の農地制度の手続や要件は……… 3
〔2〕 法人が農地の権利を耕作目的で取得する際の要件は………… 8
〔3〕 農地所有適格法人の要件を満たせなくなった法人は農地を手放さなくてはならないのか……………………………… 12

（売買・権利取得）

〔4〕 登記名義の変更が済んでいない農地を法定相続人が売却することは可能か…………………………………………… 13
〔5〕 共有名義の農地の持分を単独で売却することはできるか……………………………………………………………… 14
〔6〕 農作業に常時従事できない者が農地の所有権を取得することはできるか…………………………………………… 16
〔7〕 賃貸されている農地の所有権を取得することはできるか……………………………………………………………… 18
〔8〕 社会福祉法人や病院が治療等を目的とした農園を設置するために農地を購入できるか………………………………… 20
〔9〕 抵当権が設定されている農地を売却することはできるか……………………………………………………………… 21
〔10〕 相続税納税猶予制度適用農地を売買できるか………………… 22
〔11〕 農地を時効取得できるか………………………………………… 24
〔12〕 寺院に農地を寄附することはできるか………………………… 26
〔13〕 農地転用に公有地の拡大の推進に関する法律（公拡法）の届出等が必要なケースは……………………………………… 27

（取得の手続等）

〔14〕 登記地目が畑で現況が宅地の土地の売買に農地法の手続は必要か……………………………………………………………29

〔15〕 登記地目が畑で現況が山林の土地の売買に農地法の手続は必要か……………………………………………………………31

〔16〕 登記地目が山林で現況が畑の土地の売買に農地法等の手続は必要か…………………………………………………………33

〔17〕 生産緑地をはじめ市街化区域の農地を耕作目的で購入する際の農地法の手続は…………………………………………34

〔18〕 農地の競売や公売に入札して農地の所有権を取得する際の手続は……………………………………………………………35

〔19〕 市町村から赤道の払下げを受けるために農地法3条の許可は必要か…………………………………………………………36

〔20〕 農地を都道府県や市町村に寄附するときに農地法の手続は必要か（農地として利用）………………………………37

〔21〕 農地法3条の許可申請をするように判決を受けた場合も許可要件が適用されるのか……………………………………38

第2章　貸借・解約

（貸　借）

〔22〕 相続登記未了で現に耕作されている農地を貸すことはできるか……………………………………………………………41

〔23〕 所有者が不明となった農地を借りることはできるか………43

〔24〕 生産緑地を貸すことはできるか………………………………45

〔25〕 相続税納税猶予制度適用農地を貸すことはできるか………47

〔26〕 借りている農地を転貸できるか………………………………49

〔27〕 希望すれば誰でも農地中間管理機構から農地を借りる
　　　ことはできるのか…………………………………………………50
〔28〕 市街化区域の農地は貸借ができるか……………………………52
〔29〕 農地の賃貸借で解約権の留保を盛り込んだ契約は可
　　　能か…………………………………………………………………53
〔30〕 作業受委託と貸借は何が違うのか………………………………54

　（解　約）

〔31〕 農地の賃貸借を解約するときは農地法の手続が必要か………56
〔32〕 貸付者と借受人の死亡により貸借は解約となるのか…………58
〔33〕 借受者が耕作をしておらず賃料が未払いであるとき
　　　は、貸付者が賃貸借を一方解約できるのか……………………59
〔34〕 賃貸借の解約の解決手段の一つである農事調停とは…………60
〔35〕 賃貸借の解約に農業委員会の和解の仲介を利用したい
　　　ときは………………………………………………………………62
〔36〕 市街化区域で具体的な転用計画がある場合は賃貸借を
　　　解約できるのか……………………………………………………63

第3章　転　用

　（総　則）

〔37〕 市街化区域以外の農地転用の許可要件は………………………67
〔38〕 市街化区域の農地を転用するときの手続は……………………72

　（一　般）

〔39〕 第1種農地をコンビニエンスストアの用地に転用でき
　　　るか…………………………………………………………………74

〔40〕 第1種農地を「特別養護老人ホーム」や「介護老人保健施設」の用地に転用できるか……………………………………76

〔41〕 既存施設の拡張に第1種農地を転用できるか………………78

〔42〕 建築条件付売買予定地を目的とした農地転用はできるか……………………………………………………………………79

〔43〕 共有名義の農地を単独で転用申請できるか………………81

〔44〕 市街化調整区域の農地を建売住宅の用地として転用できるか……………………………………………………………………82

〔45〕 将来に備え事前に農地転用の許可を得て農地の所有権を取得できるか……………………………………………………84

〔46〕 権利者全てから同意を得られていない転用計画にあって、先行して農地転用の許可を得ることは可能か……………85

〔47〕 農地を転用する際に抵当権者の同意は必要か………………86

〔48〕 相続登記が済んでいない農地の転用申請は可能か…………87

〔49〕 市街化調整区域と市街化区域の農地を同時転用するときの申請は……………………………………………………………88

〔50〕 農地転用の許可を得て所有権移転された転用未実施の農地を、他の転用目的で取得できるか………………………89

(公共事業等)

〔51〕 地方公共団体に公共用道路用地として農地を売却するときに農地転用の手続は必要か………………………………90

〔52〕 市立中学校用地の一部として農地を市に寄附するときに農地転用の手続は必要か………………………………………91

〔53〕 農地に携帯電話の基地局アンテナを設置するときに農地転用の手続は必要か……………………………………………92

〔54〕 第1種農地を公共事業のための一時的な資材置場として転用できるか……………………………………………………94

（農業施設等）

〔55〕 農用地区域に観光農園の駐車場や販売施設を設置できるか……………………………………………………………………95

〔56〕 農地に広告用大型看板を設置する際に農地転用の手続は必要か………………………………………………………………99

〔57〕 農地に小規模な自己用の倉庫を設置するときに農地転用の手続は必要か……………………………………………………101

〔58〕 農用地区域に農業後継者の住宅を建てることはできるか……………………………………………………………………102

〔59〕 農地に植林をする際に農地転用の許可は必要か……………104

（農作物栽培高度化施設）

〔60〕 農作物栽培高度化施設を設置するための手続は……………105

〔61〕 過去に農地転用の許可を得て設置した農業用施設は、農作物栽培高度化施設として扱われないのか………………107

（他法令関係）

〔62〕 農業経営基盤強化促進法に基づく地域計画内の農地を転用できるか……………………………………………………108

〔63〕 生産緑地は農地転用ができるのか………………………………109

〔64〕 相続税納税猶予制度適用農地は農地転用すると期限の確定（打切り）となるのか……………………………………111

（太陽光発電設備）

〔65〕 営農型太陽光発電設備を設置するための手続は……………114

〔66〕 市街化区域に太陽光発電設備を設置できるか………………117

第4章　相続・遺贈・税制等

（相続・遺贈）

〔67〕遺言書を残す手段は……………………………………121
〔68〕法定相続人の一人が行方不明や判断能力が認められないときは……………………………………………………124
〔69〕死亡した農地所有者に相続人がいない場合は……………126
〔70〕成年後見の審判を受けている法定相続人に農地を相続させることは可能か………………………………………128
〔71〕農地の相続に当たり農業経営に寄与していたことは考慮されるか…………………………………………………129
〔72〕養子や孫に農地を相続させることは可能か………………131
〔73〕賃借権は相続できるか………………………………………132
〔74〕贈与契約の当事者が死亡した場合、その相続人に履行を請求できるか…………………………………………133
〔75〕特定遺贈や包括遺贈で農地を取得する場合に農地法3条の許可は必要か……………………………………135
〔76〕農地を相続した際の農業委員会での手続は………………137
〔77〕相続土地国庫帰属制度により農地を処分することはできるか……………………………………………………138
〔78〕農地法の許可を得て購入した農地の登記を行っていない場合に売主の相続人に対抗できるか…………………141

（相続税等税制）

〔79〕相続税納税猶予制度の適用を受けるには…………………143
〔80〕贈与税納税猶予制度の適用を受けるには…………………149
〔81〕相続税の申告期限までに遺産分割協議が調わない場合のデメリットや申告は……………………………………152

〔82〕 預貯金がなく相続税を全額納付できない場合は延納が
　　　 可能か……………………………………………………………………… 154
〔83〕 相続税の納付に農地を物納できるのか…………………………… 156
〔84〕 相続する農地が土地区画整理事業の施工中であるが、
　　　 相続税納税猶予制度の適用を受けることはできるか………… 158
〔85〕 相続税等納税猶予制度適用農地は不耕作にすると期限
　　　 が確定（打切り）となるのか……………………………………… 159
〔86〕 所有者の疾病等により相続税納税猶予制度適用農地を
　　　 耕作できない状態となったときの営農困難時貸付けとは…… 162
〔87〕 相続税納税猶予制度適用農地が収用されたときの特
　　　 例は…………………………………………………………………… 164
〔88〕 農地中間管理事業により農業振興地域の農用地を売買
　　　 するときは、税の控除が受けられるのか………………………… 166
〔89〕 農業振興地域の農地を不耕作にすると固定資産税の控
　　　 除が適用除外になるのか…………………………………………… 168

第5章　その他

（権利設定・移転等）

〔90〕 農地に区分地上権を設定する際に農地法の手続は必
　　　 要か…………………………………………………………………… 173
〔91〕 農地の上空に高圧電線を通すため地役権を設定する際
　　　 に農地法の手続は必要か…………………………………………… 174
〔92〕 農地に仮登記や抵当権を設定する際農地法の手続は
　　　 必要か………………………………………………………………… 175
〔93〕 古い抵当権（休眠抵当権）を抹消することはできるか……… 176
〔94〕 農地の共有持分を放棄したら他の共有者に権利が帰属
　　　 するのか……………………………………………………………… 178

（市民農園の開設）

〔95〕 市民農園の開設に農地制度の手続は必要か……………180
〔96〕 講習施設や休憩する建物が付帯する市民農園を開設する際の手続は………………………………………………185
〔97〕 学校農園を開設するときの手続は市民農園と同じか………187
〔98〕 生産緑地に市民農園を開設するときの留意点は…………188
〔99〕 相続税納税猶予制度の適用を受けたまま市民農園を開設することはできるのか…………………………………190
〔100〕 市民農園で育てた野菜は販売できるのか………………192

（登　記）

〔101〕 登記官の照会により地目変更する際の手続は……………193
〔102〕 登記地目が畑の土地を非農地証明により地目変更することは可能か……………………………………………194
〔103〕 登記地目を「宅地」から「農地」に変更するときに農地法の手続は必要か………………………………………195
〔104〕 農地を信託することはできるのか…………………………196

第 1 章

農地の取得

（総　則）

〔1〕　農地の所有権の取得や貸借の農地制度の手続や要件は

Q　実家が営む農業の後継者として最近就農しました。これから経営規模を拡大するに当たり、農地の購入や借受けを考えているのですが、農地法等の手続が必要だと聞きました。農地の権利取得に当たっての手続や要件等について教えてください。

A　農地の貸借等の権利設定や売買等の所有権取得には、①農地法３条の許可（農業委員会）、②農地中間管理事業法による農用地利用集積等促進計画の決定（都道府県知事等）、③都市農地貸借円滑化法の認可（市町村）が必要となります。②については市街化区域以外が対象となっており、③については市街化区域の生産緑地での貸借のみが対象となっています。なお、農業経営基盤強化促進法の農地利用集積計画による利用権設定（市街化区域以外対象）は、法改正の経過措置により、市町村が地域計画を策定するまで、若しくは令和７年３月末日まで手続が可能となっています。また、法律の手続を経ずに農地の権利取得が可能な例外は、農地法等に規定されています。

解　説

1　農地法３条許可

　農地法３条により農地の貸借や所有権の移転を行うには、譲渡人及

び譲受人が連署にて農業委員会に許可申請を行い、許可を得ることが必要となります（農地3①）。譲受人は農地法3条の許可要件を満たすことが必要です。

農地法3条の主な許可要件（原則全ての要件を満たすこと）
（1）　全部効率利用要件（農地3②一）
農地の権利を取得しようとする者又はその世帯員等の農業に必要な機械の所有の状況や農作業に従事する人数からみて、農地の全てを効率的に利用すると認められること。

なお、令和6年の農地法改正により、①農作業に従事する者の配置、及び②農地法等関係法令の遵守状況（権利取得者が現状等において農地法等関係法令を遵守していること等）の要件が追加されています。

（2）　農作業常時従事要件（農地3②四、処理基準別紙1第3・5（2））
農地の権利を取得しようとする者又は世帯員等が、農作業に常時従事すると認められること（原則、年間150日以上の農作業従事）。

（3）　地域との調和要件（農地3②六）
農地の権利を取得しようとする者又はその世帯員等が、権利取得後に行う農業の内容並びに農地の位置及び農地の規模からみて、農地の集団化、農作業の効率化その他周辺の地域における農地の効率的かつ総合的な利用の確保に支障を生ずるおそれがないと認められること。

この農地法3条許可による貸借や所有権の移転等は、全ての地域で可能な手続です。

ただし、貸借において当該農地が相続税等納税猶予制度の適用を受けているときは、営農困難時貸付けを除き、期限の確定（制度の打切り）となるので注意が必要です。

また、農地法3条の許可を得て賃貸借（有償）をしたときは、解約に当たって、両者の同意（農業委員会への届出）や許可（都道府県知事等）が必要となります（〔31〕参照）。

2　農地中間管理事業法による農用地利用集積等促進計画

　農用地利用集積等促進計画（農地中間18）は、地域計画（農経基盤19）の達成を重点（農地中間17②、農経基盤21）に農地中間管理機構が作成するもので、同促進計画を都道府県知事（都道府県条例により市町村長に権限委譲可）が認可・公告することによって利用権設定（賃貸借権等の設定）がされるものです（農地中間18）。

　農地中間管理機構は、農用地利用集積等促進計画を定めるに当たり、農業委員会の意見を聴くとともに、また原則、市町村、利害関係人等の意見を聴かなくてはならないことになっています（農地中間18③）。

　なお、農用地利用集積等促進計画による利用権の設定は、市街化区域以外が対象で、原則、市街化区域では実施できません（農地中間2③）。

3　都市農地貸借円滑化法による貸借

　都市農地貸借円滑化法は、生産緑地のみを対象として、貸付期間を定めて農地を貸借できる制度です。この法律による賃貸借は農地法と異なり、法定更新（農地17本文）の適用はなく、契約期間が満了すると農地は貸主に返還されます。また、相続税納税猶予制度の適用を受けている生産緑地の貸借が可能で、貸借期間内に貸主（所有者）に相続が発生した場合には、その相続人は生産緑地を貸し付けたまま、相続税納税猶予制度の適用を受けることができます（贈与税納税猶予制度適用農地は対象外）。

　都市農地貸借円滑化法により生産緑地を貸借するときには、借受人は事業計画を作成し、市町村長から認定を受けます（都市農地4①）。市町村長は事業計画の認定に当たって、農業委員会の決定を経ます（都市農地4③）。

都市農地貸借円滑化法の主な認定要件（認定要件は借受人により相違）は、以下のとおりです。

（1） 都市農業機能発揮要件（都市農地4③一、都市農地則3）

都市農業の有する機能の発揮に特に資するもので基準に適合している方法により都市農地において耕作の事業を行うこと。

（2） 地域との調和要件（都市農地4③二）

上記1（3）参照。

（3） 全部効率利用要件（都市農地4③三）

上記1（1）参照。

（4） 農作業常時従事要件（都市農地3③・4③六）

上記1（2）参照。農業者及び農地所有適格法人及び一般法人の業務執行役員等に適用。

4　法律の手続を経ずに所有権の移転等が可能な例外

法律の手続を経ずに農地の所有権移転等が可能な例外としては、相続、遺産分割、包括遺贈、法定相続人への特定遺贈（〔75〕参照）、時効取得（〔11〕参照）等があります（農地3①十二、農地則15五）。

法律の手続を経ずに農地の権利を取得した者は、おおむね10か月以内に、農業委員会へ農地法3条の3に基づく届出を行う必要があります。

5　農地制度と都市計画制度

農地制度と都市計画制度は深く関係をしています。概要図は次頁のとおりです。

第1章　農地の取得

<農地制度と都市計画制度等（概要図）>

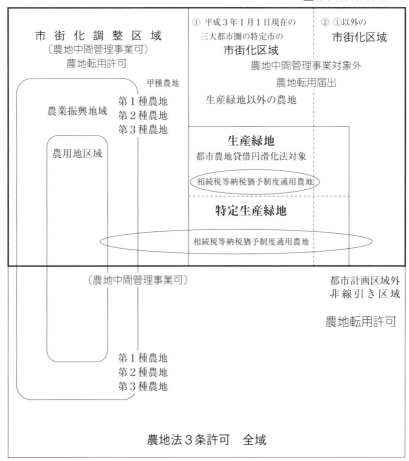

〔2〕 法人が農地の権利を耕作目的で取得する際の要件は

Q 農業を営んでいますが、法人化したいと考えています。耕作する農地の権利を取得する法人には要件があるとのことですが、どのような要件を備える必要がありますか。

A 法人が耕作目的で農地の権利を取得等するときは、例外を除くと、①農地所有適格法人の要件、また、貸借のみに限定するならば、②農地所有適格法人以外の法人（以下「一般法人」といいます。）の要件を備える必要があります。なお、当該法人が農地の権利を取得等しようとするときは、農地法3条の許可等の要件を満たすことが必要です。農地法3条の許可等は、本ケースでは、これから法人が農業経営をスタートさせることになるため、要件は今後の経営計画等により判断されることになります。

解　説
1　農地所有適格法人の要件
　農地所有適格法人を設立するためには、下記の要件全てを満たす必要があります（農地2③、農地則7）。
（1）　法人組織の形態要件
　次の5つの形態のいずれかであること。
① 　株式会社（株式譲渡制限会社に限ります。）
② 　合名会社
③ 　合同会社

④　合資会社
⑤　農事組合法人
（2）　事業要件

　主たる事業が農業又は農業に関連する事業であること（農業関連事業が売上の過半を占めること）。なお、農業関連事業には、法人の農業と関連する農産物の加工・販売や営農型太陽光発電設備による電気・熱の供給等も含まれます（処理基準別紙1第1(4)②③）。

（3）　構成員要件

　株式会社であれば次に掲げる者に該当する株主の有する議決権の合計が総株主の議決権の過半を、持分会社であれば、次に掲げる者に該当する社員の数が社員の総数の過半を占めていること。
①　その法人に農地の所有権又は使用収益権の移転をした個人等
②　その法人に農地を農地利用集積円滑化団体又は農地中間管理機構を通じ使用貸借による権利又は賃借権を設定した個人
③　その法人に農作業の委託を行っている者
④　その法人の行う農業に常時従事する者
⑤　その法人に農地を現物出資した農地中間管理機構
⑥　地方公共団体、農業協同組合、農業協同組合連合会

　なお、令和6年の農地法及び農業経営基盤強化促進法の改正により、㋐株式会社の種類株主においては種類株主総会の議決権の過半を含むこと（農地2③二）、㋑認定農業者である農地所有適格法人にあっては、農業経営発展計画の認定を農林水産大臣より受けることによって、一定の関連事業者等の議決権の数の特例を設ける等が追加されています（農経基盤16の2）。

（4）　常時従事役員等の要件
①　農地所有適格法人の常時従事者たる構成員が理事（取締役）等の

過半を占めること（構成員たる常時従事者が150日以上従事できない場合はその法人の構成員の平均的な従事日数の3分の2以上従事する者であること（少なくとも年間60日以上））。
② ①に該当する理事又は重要な使用人（農場長等）のうち一人以上が年間60日以上、その法人の行う農作業に従事すること。

※（4）については一定の要件の下、一部例外があります(農経基盤14の2)。

農地所有適格法人が農地の権利を取得したときには、毎年、事業の状況等について農業委員会に報告をすることが義務付けられています（農地6①）。

2　一般法人の要件

一般法人が、農地の賃貸借又は使用貸借による権利の設定を行うためには、法人として下記の要件を満たす必要があります（農地3③、農地則17）。

① その法人の業務を執行する役員又は重要な使用人（農場長等）のうち、一人以上がその法人の行う耕作の事業に常時従事すること。
② 農地の権利の取得後に農地を適正に利用していないと認められる場合は使用貸借又は賃貸借を解除する条件について所有者と書面により契約がされていること。
③ 地域における他の農業者と適切な役割分担の下に継続的かつ安定的に農業経営を行うこと。

農地の権利を取得したときには、毎年、農地の利用状況等について農業委員会に報告をすることが義務付けられています（農地6の2、農地則60の2）。

設立した法人が農地所有適格法人若しくは一般法人の要件を備えて

いるかどうかについては、当該法人の設立の際に一定の機関から認可を得るというものではありません。
　農地所有適格法人若しくは一般法人が農地法3条の許可等の申請をする際に、当該要件を満たしているか等の判断が行われることになります。

〔3〕 農地所有適格法人の要件を満たせなくなった法人は農地を手放さなくてはならないのか

Q 会社経営をしていますが、地域の農業者とともに、農地所有適格法人を立ち上げ、農業参入することを構想しています。参入に当たり、仮に農地を購入し、その後、当該法人が農地所有適格法人の要件を満たせなくなった場合は、所有農地は手放さなくてはならないのでしょうか。

A 要件を満たさなければ、最終的には手放さなければならなくなるでしょう。

解説

1 農地所有適格法人の報告等

農地を所有等する農地所有適格法人は、毎事業年度の終了後3か月以内に事業の状況等を報告しなければなりません（農地6①、農地則58・59）。農業委員会は、その報告に基づいて、農地所有適格法人がその要件を満たさなくなるおそれがあると認めるときには、満たすために必要な措置を講ずべきことを勧告すると規定されています（農地6②）。

2 農地所有適格法人が農地所有適格法人でなくなった場合における買収

このような勧告を経ても改善がなく、農地所有適格法人でなくなった場合においては、国が農地等を買収することになります（農地7①）。

したがって、農地所有適格法人の要件を満たさない状態になれば、最終的には所有農地を手放さなくてはならなくなります。農地は貸借する方法もあります。農業参入に当たっては、計画や見通しをしっかり立てて、農地の所有が適切かを慎重に検討することが必要でしょう。

（売買・権利取得）

〔4〕 登記名義の変更が済んでいない農地を法定相続人が売却することは可能か

Q 所有している農地を売却する契約をしていた父親が急死しました。まだ農地法3条の申請はしておらず、相続人も確定していないのですが、故人が所有していた農地を売却することは可能でしょうか。

A 死亡した農地所有者の法定相続人全員による農地法3条許可申請により売却が可能です。また、遺産分割協議書が作成されていれば、遺産分割協議書に基づく相続人等による許可申請により売却が可能であると解せます。

解説

農地の売買には、農地法3条による許可申請が必要です（〔1〕参照）。この許可申請は、原則、農地の所有者が行うことになります。

法定相続人が複数いる場合は、共有している状態であると考えられ（民898）、共有者全員が権利者となります。

本ケースの場合は、死亡した父親の法定相続人が権利者となり、法定相続人全員の連名（譲渡人）により、農地法3条の許可申請を行うことで売却が可能になると考えます。

添付書類として、戸籍謄本等及び土地の登記事項証明書（全部事項証明書に限ります。）等が必要となります（農地則10②各号）。

また、遺産分割協議書が作成されている場合は、遺産分割協議書に基づき、相続人等による許可申請等が可能と解せ、許可申請書には遺産分割協議書の写し等を添付することになります。

〔5〕 共有名義の農地の持分を単独で売却することはできるか

Q 兄との共有名義の農地を所有しています。実際は兄が農地を耕作していますが、自分は遠方に住んでいるので、第三者に自分の持分を売却しようと考えています。売却に当たり兄の同意は必要でしょうか。

A 共有名義の農地の持分を共有者の同意を得ずに、農地法3条の許可を得て第三者に所有権を移転することは可能だと解せます。ただし、農地法3条の許可に当たっては、兄とその第三者で今後その農地を共に耕作するという前提で判断がされます。一般的には、別々の経営体が共有名義の農地で一緒に耕作していくことは難しいと考えられます。

解　説

　民法上は共有名義の土地の共有持分の売却については他の共有者の同意は不要です（民206）。
　ただし、売却のため農地の所有権を移転するときは、農地法3条による農業委員会の許可等が必要となり（〔1〕参照）、今後その農地をどのように耕作していくかが問われます。
　本ケースでは、当該農地を共有者の兄が耕作しているとのことから、第三者が権利を取得した後は、兄と第三者が一緒に耕作することになります。
　共有名義の農地は、共有者同士の権利の持分だけが決まっており、面積区分で共有者それぞれの所有を明確にはできません（民250）。別々

の経営体が同じ農地で全て効率的に耕作することは難しいと考えられます。

　なお、兄がその農地で今後は耕作せず、その者に貸すということであれば、連名で農地法3条の申請等を行うことになります。

[6] 農作業に常時従事できない者が農地の所有権を取得することはできるか

Q 祖父が所有している農地が公共事業による収用を受け、代替の農地を祖父名義で取得することになりました。農業経営は家族で年間250日以上は従事しているのですが、祖父は高齢のため、ほとんど農作業に従事していません。農地法3条の許可を得ることは可能でしょうか。

A 農地法3条の許可要件である農作業常時従事要件は、世帯員等で満たせばよいと規定されているので、他の要件とあわせて世帯員等で満たしているということであれば許可を得ることが可能であると考えます。

解説

　農地法3条の許可要件は、世帯員等で要件を満たせばよいとされています（農地3②一・四）。つまり、農地の取得に当たっては、権利を取得しようとする者のみならずその世帯員等（下記参照）で要件を満たせばよいことになります。

　農作業常時従事要件（〔1〕参照）は年間150日以上農業に従事することが一定の基準となっていることから（処理基準別紙1第3・5(2)）、本ケースでは、現状で世帯員等により年間250日従事しており、農地取得後も同様に従事するということであれば、農作業常時従事要件を満たしていると考えられます。

第1章 農地の取得

＜世帯員等の定義＞

○農地法２条２項
　この法律で「世帯員等」とは、住居及び生計を一にする親族（次に掲げる事由により一時的に住居又は生計を異にしている親族を含む。）並びに当該親族の行う耕作又は養畜の事業に従事するその他の２親等内の親族をいう。
　一　疾病又は負傷による療養
　二　就学
　三　公選による公職への就任
　四　その他農林水産省令で定める事由

（参考）２親等内の親族

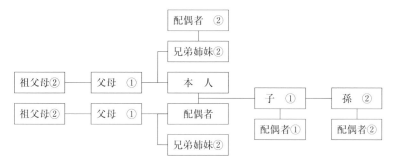

〔7〕 賃貸されている農地の所有権を取得することはできるか

Q 知人が農業を廃業するため、その知人が賃貸している農地を買ってほしいと依頼されました。自分は農業経営をしていますが、賃貸されている農地の所有権を取得することは可能でしょうか。

A 第三者に賃貸している農地について、農地法3条の許可を得て所有権を取得することは可能ですが、原則、許可後1年以内に賃借人から農地の返還を受け、耕作を開始することが条件となります。

解説

第三者に賃貸している農地の所有権の取得を目的とした農地法3条の許可を得るには、次の要件を満たす必要があります（農地令2①二）。
① 許可申請時に、所有権を取得しようとする者又は世帯員等が、農業に必要な機械の所有状況、農作業に従事する人数からみて、現在、耕作に供すべき農地の全てを効率的に利用して耕作をしていると認められること。
② ①に加え、所有権を得ようとしている農地を、将来、耕作することとなった際に、農地の全てを効率的に利用して耕作をすると認められること。

本ケースの場合は、権利取得者が営農しているとのことなので、㋐農作業常時従事要件、㋑地域との調和要件等（〔1〕参照）とともに、上記の許可要件を満たすことができれば、農地法3条の許可を得ることができると考えられます。

ただし、処理基準にて、「その農地等の所有権を取得しようとする者又はその世帯員等が自らの耕作又は養畜の事業に供することが可能となる時期が、許可の申請の時から1年以上先である場合には、所有権の取得を認めないことが適当である」と示されており（処理基準別紙1第3・3(4)）、原則、許可申請時から1年以内に賃貸借が解約され、農地の返還を受けて耕作を開始することが必要となります。

〔8〕 社会福祉法人や病院が治療等を目的とした農園を設置するために農地を購入できるか

Q 社会福祉法人と病院を経営しています。最近、治療等のため、リハビリ農園を設置しようと構想しているのですが、社会福祉法人等が農地の所有権を取得することは可能でしょうか。

A 社会福祉法人等がリハビリテーション農園などの社会福祉事業の運営に必要な施設の用に利用するために農地の所有権を取得することは可能であると解せます。

解　説

　農地の所有権を取得するには農地法3条の許可等を受けることになりますが（〔1〕参照）、耕作の目的で農地の所有権を取得できる法人は農地所有適格法人に限られています（〔2〕参照）。

　ただし、社会福祉法人等が社会福祉事業等の目的のために農地を利用する場合は、農地法3条の許可を得て農地を所有することが可能です（農地令2①一ハ）。

　本ケースの場合、社会福祉法人等が治療等のため、リハビリ農園を設置しようとしていることから、農地法3条不許可の例外として農地の所有権を取得することは可能と解せます。

　なお、農地法3条の許可に当たっては、許可要件である①全部効率利用要件（農地3②一）、②農作業常時従事要件（農地3②四）等（〔1〕参照）は、適用除外となります。

〔9〕 抵当権が設定されている農地を売却することはできるか

Q 抵当権が設定されている農地を所有しています。その農地を抵当権を抹消せずに農業者に売却したいのですが、農地法3条の許可を得て、売却することは可能でしょうか。

A 譲受人が農地法3条の許可要件を満たすことができれば、許可を得て、売却することは可能と解せます。

解 説

　抵当権や仮登記が設定されている農地の農地法3条の許可については、「農地法の立法目的に照らして、農地の所有権移転や貸借については、その権利の取得者が農地法上の適格性を有するか否かのみを判断して決定すべきであり、それ以上に、その所有権移転等の私法上の効力やそれによる犯罪の成否等の点についてまで判断してなすべきではない」（要旨）という最高裁判所の判例があります（最判昭42・11・10裁判集民89・141）。したがって抵当権を抹消せずとも、農地法3条の許可を得て当該農地を売却することは可能だと解せます。

〔10〕 相続税納税猶予制度適用農地を売買できるか

Q 相続税納税猶予制度適用農地（特例農地）を所有しているのですが、隣接する農地を所有している者から耕作地として当該農地を取得したいとの依頼がありました。特例農地を耕作目的で売買することは可能でしょうか。また、他の所有する特例農地が県道の拡張のため収用がされる見込みなのですが、代替の農地を取得することで期限の確定とされない特例措置があると聞きました。どのような特例なのでしょうか。

A 特例農地を売買（所有権移転）することは可能ですが、期限確定（適用の打切り）となります。そのため、所有者（譲渡人）は原則、譲渡から2か月以内に猶予税額に利子税を付して所轄の税務署に納付しなくてはなりません。

　また、公共収用等において、譲渡から1年以内に代替地（農地等）を取得し付け替えを行えば、買換えの特例により、期限の確定とはならず当該農地等による適用が継続されます。

解　説

　特例農地の譲渡や転用等は、原則、期限の確定事由に当たります（租特70の6）。

　公共収用による譲渡は、特例措置により利子税が免除となり（租特70の8）、譲渡する特例農地の面積が、全特例農地の総面積の20％を超えても、全部確定とはならず、一部確定となる措置がとられます（租特70の6）。

買換えの特例は、公共収用等による譲渡から1年以内に特例農地となり得る同金額の代替地（農地等）を取得等する必要があり、その代替地に相続税納税猶予制度を適用することで、特例農地の譲渡（期限の確定事由）がなかったものとみなされます（租特70の6⑳三）。

　なお、買換えの特例を受けるためには、譲渡した日から1か月以内に所轄の税務署に「代替農地等の取得等に関する承認申請書」を提出し、譲渡した日から1年以内に代替地を取得し、その後、遅滞なく税務署に「代替農地等の取得価額等の明細書」を提出する必要があります。

〔11〕 農地を時効取得できるか

Q 知人が所有する農地を自分の所有している農地であると思い込み、30年以上、耕作していました。知人に相談したところ、譲渡してもよいとの話がありました。この農地を時効取得することは可能でしょうか。

A ご相談の状況であれば、この農地の所有権を時効取得することは可能と考えられます。

解説

1 取得時効とは

　時効とは、法律上の権利関係とは異なる事実状態が長期間続いた場合に、その事実状態を尊重して、事実状態に法律関係を合わせる制度です。

　所有権も時効が完成すれば取得することができます。その場合の要件は、一定の期間、所有の意思をもって、平穏にかつ公然と他人の物を占有することです。一定の期間とは、占有を始めた時点で善意かつ無過失であれば10年間、そうでない場合には20年間です（民162①②）。

2 本ケースの場合

　本ケースの場合には、特段の支障なく知人の所有する農地を耕作しているようですので、平穏にかつ公然と他人の物を占有しているといえるでしょう。

　また、知人の所有する農地を自分の所有する農地と思い込み耕作を開始したとのことですので、善意のようです。過失の有無は不明です

が、いずれにしても30年間占有しているとのことですので、仮に過失があったとしても時効期間は満了しています。よって取得時効が完成しているといえるでしょう。

3　農地を時効取得する場合の手続

（1）　時効取得の手続

時効は、要件を満たした場合にも、「援用」をしなければ効力が発生しません（民145）。元の所有者に対して、時効により所有権を取得したことの意思表示をする手続です。内容証明郵便や訴訟などの手段によることが考えられます。

本ケースでは、知人が「譲渡してもよい」と話しているとのことです。時効取得する場合には相手の同意は要りませんが、援用手続などを考えると、相手の理解があるに越したことはありません。

（2）　農地法上の手続

時効取得は、原始取得（民144）であり権利の移転には該当しないため農地法3条1項の許可は不要です。ただし、所有権移転登記等をしたときは農業委員会に所有権を取得した旨の届出を行います（農地3の3）。

〔12〕 寺院に農地を寄附することはできるか

 農地を所有していますが、地域の寺院に寄附をして、そのまま農地（耕作地）として活用してほしいと考えていますが、可能でしょうか。

A 宗教法人に耕作を目的に農地を寄附（所有権移転）することはできません。

解　説

　農地の寄附は、農地の所有権の移転に当たることから、農地法3条の許可等を得る必要があります。
　農地法3条の許可等を得ないと、所有権移転登記はできません。
　農地法において、農地の所有権を取得できる法人は、農地法2条3項に規定する農地所有適格法人のみとされています（〔2〕参照）。
　また、農地法施行令2条に、例外的に所有権を取得できる法人等が規定されていますが、宗教法人は含まれていません。
　したがって、宗教法人が耕作を目的に農地法3条の許可を得て、農地の所有権を取得することはできないと解せます。

〔13〕 農地転用に公有地の拡大の推進に関する法律（公拡法）の届出等が必要なケースは

Q 市街化区域の農地を所有していますが、転用して売却するため農地法5条の届出をするのですが、この農地については自治体等が先行取得する可能性があり、公拡法の届出も必要だと言われました。公拡法の届出等が必要な農地等の売買はどのようなケースなのでしょうか。

A 公拡法は、公共施設等のために必要な土地を地方公共団体等が取得しやすくするため、先買い制度や土地開発公社による先行取得などについて定めた法律です。公拡法4条1項各号に規定される土地を、有償で譲渡する場合には、都道府県知事等に公拡法の届出を行うことが必要となります。

届出をした場合、一定期間、土地の譲渡が制限されます。

解　説

1　届出が必要な土地の概要

公拡法4条1項各号に規定される土地は以下のとおりです（公有地拡大4①各号、公有地拡大令2①②各号）。

① 都市計画施設の区域内に所在する土地
② 都市計画区域内に所在する土地で次に掲げるもの
　㋐ 道路法18条1項の規定により道路の区域として決定された区域内に所在する土地
　㋑ 都市公園法33条1項又は2項の規定により都市公園を設置すべき区域として決定された区域内に所在する土地
　㋒ 河川法56条1項の規定により河川予定地として指定された土地

㋓　㋐から㋒までに掲げるもののほか、これらに準ずる土地

③　都市計画法10条の2第1項2号に掲げる土地区画整理促進区域内の土地についての土地区画整理事業で、都府県知事が指定し、主務省令で定めるところにより公告したものを施行する土地の区域内に所在する土地

④　都市計画法12条2項の規定により住宅街区整備事業の施行区域として定められた土地の区域内に所在する土地

⑤　都市計画法8条1項14号に掲げる生産緑地地区の区域内に所在する土地

⑥　①から⑤までの土地のほか、都市計画区域（都市計画法7条1項に規定する市街化調整区域を除きます。）内に所在する土地でその面積が2,000㎡を下回らない範囲内で一定規模以上のもの

2　買取りの協議

届出後、都道府県知事等から「買取りの協議を行う旨」又は「買取りを希望する地方公共団体等がない旨」の通知があるまでは、当該土地の譲渡はできません。

当該土地の買取りを希望する地方公共団体等がある場合には、届出から3週間以内に地方公共団体等による買取りの協議を行う旨が都道府県知事等から通知されます（公有地拡大6①②）。

この通知を受けた場合には、正当な理由がなければ、協議を拒むことはできませんが（公有地拡大6④）、この協議は民法上の契約の締結のための協議であり、地方公共団体等に当該土地を売却するかどうかは、所有者の任意となります。

3　地方公共団体等に対する土地の買取希望の申出

公拡法4条1項各号に規定される土地については、所有者から地方公共団体等に対して、買取希望の申出を行うことができます（公有地拡大5）。

第1章　農地の取得　　29

(取得の手続等)

〔14〕 登記地目が畑で現況が宅地の土地の売買に農地法の手続は必要か

Q 登記地目が「畑」なのですが、既に相当の期間、現況が宅地となっている土地を所有しています。その土地を売買するに当たり、農地法の手続は必要でしょうか。

A 登記地目「畑」「田」の土地を所有権移転するときは、原則、農地法の手続が必要となります。

解　説

　登記地目が「畑」「田」等の土地を売買するため、登記所(法務局)で所有権移転等の登記をするときは、農地法の手続が行われているか等の確認が行われます。

　これは、無断転用等を防止するため、農林水産省と法務局の間で「登記簿上の地目が農地である土地の農地以外への地目変更登記に係る登記官からの照会の取扱いについて」(昭56・8・28　56構改B1345)の取決めがされているためです。

　本ケースの土地が、①市街化区域にあるか、②市街化区域以外にあるかは不明ですが、地目変更等を行わなければ、所有権の移転登記ができませんので、そのために農地法の手続をとることになります。

　その中で、過去に農地転用の許可(届出)が確実にされているということであれば、農業委員会等にて農地転用許可(届出)済み証明等の交付を受け、登記所で地目変更の手続をします。

また、その事実が不明であるならば、畑から宅地になった時期等を確認し、農業委員会に相談することをお薦めします。
　市街化区域では、農業委員会に農地転用の届出を再度行うという手続も考えられますが、現況が宅地である土地の農地転用の届出が受理されるか等について農業委員会への確認が必要です。
　また、市街化区域以外の農地転用は都道府県知事等の許可が必要であり、無断転用は罰則規定のある行為に該当しますが、悪意のない転用で他法令においても違反行為に当たらない等とされた場合で、一定期間以上その状態であるものについては、農業委員会等が交付する非農地証明等により地目変更できる場合があります。

〔15〕 登記地目が畑で現況が山林の土地の売買に農地法の手続は必要か

Q 登記地目が「畑」で、相当な期間、現況が山林となっている土地を所有しています。その土地は市街化区域以外にありますが、農業振興地域の指定は受けていません。売買に当たり農地法の手続は必要でしょうか。

A 山林化しているなど、荒れて再生利用が困難な状況等の農地は、農業委員会で非農地判断を行うことができるとされています。非農地と判断された土地で、登記地目が変更されれば、売買に当たり農地法の手続は不要です。

解説

非農地判断の対象とされる主な農地は以下のとおりです。
① 利用意向調査（農地32）を実施したが、遊休農地状態にあり、かつ、所有者や農地中間管理機構等によっても、農業上の利用の増進を図ることが見込まれない農地（運用通知第4（1））
② 農地利用状況調査（農地30）等の結果、既に森林の様相を呈するなど農業上の利用の増進を図ることが見込まれない農地（運用通知第3・1（3）ウ）
③ 農地中間管理機構から、その農地が農地中間管理事業規程に定められた農地中間管理権を取得する農用地等の基準に適合しない旨の通知があった農地（運用通知第3・6（2）ア（ウ））

また、所有者の申請等によって農業委員会が非農地判断を行う際は、次の基準等に従って対象地が農地に該当するか否かについて判断します。

> 判断基準(運用通知第4(4))
> 　農地として利用するには一定水準以上の物理的条件整備が必要な土地（人力又は農業用機械では耕起、整地ができない土地）であって、農業的利用を図るための条件整備（基盤整備事業の実施等）が計画されていない土地について、次のいずれかに該当するものは、農地に該当しないものとし、これ以外のものは農地に該当するものとする。
> ① その土地が森林の様相を呈しているなど農地に復元するための物理的な条件整備が著しく困難な場合
> ② ①以外の場合であって、その土地の周囲の状況からみて、その土地を農地として復元しても継続して利用することができないと見込まれる場合

　なお、違反転用等の疑いがある場合などには、農業委員会で非農地判断を行わないこととされています。

〔16〕 登記地目が山林で現況が畑の土地の売買に農地法等の手続は必要か

Q 所有している畑を売る予定があるのですが、登記地目が「山林」でした。売買に当たり農地法等の手続は必要でしょうか。

A 必要です。農地は現況主義であるため、登記地目が「山林」であっても、現況が「畑」である土地を売買する場合は、農地法等の手続をとることになります。

解　説

　農地法で規定する「農地」については、農林水産省の通知である処理基準にて「「農地」とは、耕作の目的に供される土地をいう。この場合、「耕作」とは、土地に労費を加え肥培管理を行って作物を栽培することをいい、「耕作の目的に供される土地」には現に耕作されている土地のほか、現在は、耕作されていなくても耕作しようとすればいつでも耕作できるような、すなわち、客観的にみてその現状が耕作の目的に供されるものと認められる土地（休耕地、不耕作地等）も含まれる」と示されています（処理基準別紙1第1(1)）。
　さらに、同通知では、農地等に該当するかの判断に当たっての留意事項として「農地等に該当するかは、その土地の現況によって判断するのであって、土地の登記簿の地目によって判断してはならない」と示されています（処理基準別紙1第1(2)）。
　農地法は、現況が農地であるものを対象とした法律であり、本ケースの土地は現況が畑であるとのことから、売却に当たっては農地法等の手続が必要となります。

〔17〕 生産緑地をはじめ市街化区域の農地を耕作目的
　　　で購入する際の農地法の手続は

Q　公共事業の収用の代替地として、市街化区域の畑（①生産緑地、②生産緑地の指定を受けていない畑）を購入することを考えているのですが、取得に当たり農地法ではどのような手続が必要でしょうか。

A　市街化区域の農地を購入するには、農業委員会より農地法3条の許可を得ることが必要です。

解説

　市街化区域の農地を、耕作を目的として購入する場合は、その農地が生産緑地であるか否かに関わらず、農業委員会より農地法3条の許可を得て、所有権を取得することになります（〔1〕参照）。
　なお、相続税等納税猶予制度の適用を受けている農地を、農地法3条の許可を得て購入する場合は、原則、猶予の期限が確定する（打切りとなる）ため、留意が必要です（〔64〕〔79〕参照）。

〔18〕 農地の競売や公売に入札して農地の所有権を取得する際の手続は

 農業経営をしていますが、所有の農地に隣接する農地が競売に公告されています。一体的に利用したいので取得したいのですが、入札に当たり、農業委員会での手続が必要だと聞きました。どのような手続をとればよいのでしょうか。

A　入札には農業委員会等より買受適格証明を得ることが必要です。

解説

　農地の所有権を得るために競売や公売に入札するには、農業委員会若しくは都道府県知事等から買受適格証明の交付を受けることが必要です（平28・3・30　27経営3195・27農振2146）。

　これは、競売等への入札希望者が農地法3条の許可を得ることができる者であるということを、農業委員会等があらかじめ証明し、競売等の終了後に、落札者が農地を確実に取得できるよう行うための措置となります。

　入札希望者は、農業委員会等に買受適格証明願を申請することになりますが、添付書類として農地法3条の許可申請書（譲渡人は空白）と添付書類の全てを提出することが必要となります。申請者が農地法3条の許可要件を満たしている場合は、買受適格証明が交付されます。

　買受適格証明の交付を受け、入札し、落札したときは、改めて、農業委員会に農地法3条の許可申請をし、許可を受け（原則、許可されます。）、所有権を取得することになります。

〔19〕 市町村から赤道の払下げを受けるために農地法3条の許可は必要か

Q 自己所有する畑に約3アールほどの国有地であった赤道（現況は畑）があり、市から払下げを受けることになりました。長年、耕作地として利用していますが、農地法3条の許可は必要でしょうか。

A 農地法3条の許可が必要と解せます。

> 解　説

　赤道（あかみち）は、古くは道路として利用されていた土地を指します。公図上、地番が記載されておらず、赤色で塗られていることから赤道と呼ばれています。
　市から国有地であった赤道の払下げを受ける場合も、現況が農地であれば、農地法3条の許可が必要と解せます（〔1〕参照）。

〔20〕 農地を都道府県や市町村に寄附するときに農地法の手続は必要か（農地として利用）

Q 農地を所有していますが、県や市から農地として新たな作物の実証農園や体験農園の場として取得したいとの依頼がありました。この場合、農地法3条の許可が必要となるのでしょうか。

A 国や都道府県が「農地」として利用するために所有権を取得するときは、農地法3条1項5号により農地法3条の許可は「不要」です。一方、市町村が農地の所有権を取得するときは、農地法3条の許可が必要です。許可に当たり、一部の許可要件は、適用除外となります。

解 説

1　国・都道府県の場合

　国や都道府県が「農地」として利用するために農地の権利を取得するときは、農地法3条の例外に当たり（農地3①五）、許可が不要です。

2　市町村の場合

　市町村が農地の寄附を受けるなど所有権取得をするときは、国や都道府県の場合とは異なり、農地法の例外とされていないため農地法3条の許可が必要です。

　ただし、農地法施行令2条1項1号ロにより、市町村が公用又は公共用に利用する農地法3条の許可に当たっては、許可要件のうち、全部効率利用要件や農作業常時従事要件等を満たさなくとも許可することができると規定されています。

〔21〕 農地法3条の許可申請をするように判決を受けた場合も許可要件が適用されるのか

Q 裁判が終結し農地の取得に当たり農地法3条の許可を得るよう判決がありました。農地法3条の申請に当たり単独申請は可能でしょうか。また、本ケースにおいても許可要件が適用されるのでしょうか。

A 単独申請が可能です。また一般的な農地法3条と同様に許可要件により許否が判断されます。

解 説

　最近では、農地に関する紛争等による裁判で「農地法3条の許可申請をすること」といった判決が下されるケースが見受けられるようになりました。

　この場合、一般的な農地法3条と同様に、許可要件により許否が判断されます。

　農地法施行規則10条1項2号には、その申請に係る権利の設定又は移転に関し判決が確定した場合等は、農地法3条の許可申請書に当事者が連署しなくてもよい旨の規定がされていますので、本ケースでは単独申請が可能となります。

第 2 章

貸借・解約

（貸　借）

〔22〕　相続登記未了で現に耕作されている農地を貸すことはできるか

Q　亡くなった祖父名義の農地（市街化区域以外）を耕作していますが、高齢により、その農地を近隣の認定農業者に貸すことを考えています。いわゆる相続登記未了の農地ですが、貸すことは可能でしょうか。

A　相続登記未了の市街化区域外の農地については、要件を満たすことで農地中間管理事業により40年間を上限に貸借が可能だと解せます。

解　説

　相続登記未了の農地については、相続権者の過半の同意があれば、農地法による５年間を上限とした貸借（民252）、また、市街化区域以外であれば、農地中間管理機構（以下「機構」といいます。）を通じた40年間を上限とした貸借が可能です（農地中間18⑤四）。
　相続権者の過半の同意がない場合も、市街化区域以外では、要件を満たした上で、以下の手続を経ることで、機構を通じた貸借が可能となります。
　まず、共有者（相続人）から機構へ申出等（市町村・農業委員会への相談等を含みます。）を行います。
　次に、機構が農用地利用集積等促進計画（以下「促進計画」といいます。）を定めるため、農業委員会に不確知共有者（２分の１以上の共

有持分を有する者を確知できない農用地等について、共有持分を有する者であって確知することができないもの）に関する情報の探索を要請し（農地中間22の2①）、農業委員会は、相当な努力が払われたと認められるものとして政令で定める方法により、不確知共有者の探索を行います（農地中間22の2②）。

　その結果、2分の1以上の共有持分を有する者を確知できないときは、共有持分を有する者であって知れている者の全ての同意を得て、機構が定めようとする促進計画等について公示します（農地中間22の3）。

　その後、2か月間、不確知共有者が異議を述べなかったときは、当該不確知共有者は促進計画について同意したものとみなされます（農地中間22の4）。

　この後、都道府県知事による促進計画の認可・公告がなされれば、40年間を上限に貸借が可能となります。

[23] 所有者が不明となった農地を借りることはできるか

Q 農業経営をしていますが、自分が耕作している農地に隣接している農地（市街化区域以外）の所有者Aが急に亡くなり、現在のところAには相続人がいないとのことです。この農地を借りて耕作したいと考えているのですが、可能でしょうか。

A 所有者が不明になった市街化区域以外の農地については、耕作を希望する者が農業委員会へ申出をし、一定の手続を経ることで、農地中間管理機構から40年間を上限に借り受けることが可能です。

解　説

　所有者の死亡により所有者が不明になった農地を借り受けるには、耕作を希望する相談者が農業委員会に申出をし、農業委員会は利用状況調査を実施します（農地31）。

　その結果、当該農地が引き続き耕作の目的に供されない等と見込まれ、更に農地の所有者が判明しないときは、農業委員会は、所有者等の探索を実施します（農地32③、農地則74の２）。

　当該探索にて、２分の１を超える共有持分を有する者を確知できないときは、下記の事項について公示し、知り得る所有者等に通知します（農地32③）。

　その後、２か月間、申出がないときは、農業委員会は農地中間管理機構に対し、その旨を通知し、農地中間管理機構は通知の日から４か

月以内に、都道府県知事に対し、当該農地を利用する権利の設定に関し裁定を申請します（農地41①）（なお、申出があり貸借ができない場合であっても、その後、不耕作等の状態が続いたとき等は、農地利用意向調査の実施により最終的には同様の措置がとられます。）。

都道府県知事は、農地中間管理権を設定すべき旨の裁定をしたときは公告をし（農地39・40①）、これにより農地中間管理機構に中間管理権が設定されることになります（農地40②）。

この後、当該農地の耕作を希望する者は、40年間を上限に農地中間管理機構から農地を借り受けることになります（〔1〕参照）。

第2章　貸借・解約　　　45

〔24〕 生産緑地を貸すことはできるか

Q 生産緑地を耕作していますが、高齢により、農業者に貸したいと考えています。貸すことは可能でしょうか。

A 生産緑地を貸すことは可能です。生産緑地の貸借の手続は、農地法3条と都市農地貸借円滑化法があります。農地法と比し、都市農地貸借円滑化法による貸借は相続税納税猶予制度の適用が継続するなど有用な貸付けといえます。

解　説

1　都市農地の貸借の円滑化に関する法律

　都市農地貸借円滑化法による貸借は、生産緑地を賃貸借（有償貸借）した場合に農地法と異なり契約の更新（法定更新）（農地17本文）が適用されず、貸借の期限が到来すれば借主より生産緑地の返還を受けることができます。また、農地法3条と異なり、相続税納税猶予制度適用を受けている生産緑地を貸借しても期限の確定（制度打切り）となりません。さらに、市街化区域の農地である生産緑地という性質上、貸主の相続発生時をおもんばかると、その生産緑地の相続人が、①貸し付けたまま相続税納税猶予制度の適用を受けることができる、②生産緑地の返還を受けて買取り申出をすることができるという、両方が可能である貸借である点で都市農地貸借円滑化法が有用な貸借制度であるといえます。

2　賃貸借と使用貸借のどちらで貸し付けるか

　農地を貸借する際、賃貸借（有償貸借）するときは、もちろん貸借

期間の期限が到来すれば農地の返還を受けることができますが、例えば「相続が発生したら○か月以内に農地を返還する」などといった契約はできません(農地18⑦⑧)。一方、使用貸借（無償貸借）はそのような制約はありません。

　生産緑地の買取申出は、借主から農地の返還を受けることが要件(生産緑地10)となります。賃貸借の場合、借主が合意すれば農地の返還を受けることは可能ですが、必ずしも合意を得られるとは限らないことから、都市農地貸借円滑化法の貸借は使用貸借によるものが多い傾向にあります。

3　留意点

　生産緑地の貸借は、相続を考慮すると貸付人（所有者）が借受人の農業に一定程度関与をすることが望ましいと考えられています。生産緑地を貸し付けても、貸主（所有者）が当該生産緑地で「借主が農業に従事する日数の1割以上従事」していれば、貸主も主たる従事者として認められることになり(生産緑地則3二)、貸主に相続が発生しても、生産緑地の返還を受けることにより、その相続による買取申出が可能となります。

　「1割」に含まれる従事内容は、生産緑地縁辺部の見回りや除草、周辺住民からの相談への対応等が考えられます。

〔25〕 相続税納税猶予制度適用農地を貸すことはできるか

Q 相続税納税猶予制度適用農地を所有し耕作しています。親の介護に専念するため、近隣の認定農業者にその農地を貸したいと考えていますが、猶予の期限の確定（打切り）とならない貸借はあるのでしょうか。

A 相続税納税猶予制度の適用を受けている農地を貸し付けても期限の確定とならない貸借は、市街化区域の生産緑地では都市農地貸借円滑化法等、市街化区域以外では農地中間管理事業法等によるものがあります。

解説

1 生産緑地

生産緑地で期限の確定とならない貸借として、都市農地貸借円滑化法によるもの（租特70の6の4①）のほか、特定農地貸付法・市民農園整備促進法・都市農地貸借円滑化法による市民農園の開設があります（租特70の6の5）。

2 市街化区域以外

市街化区域以外では、農地中間管理事業法等（租特70の6の2①）によるものが期限の確定とならない貸借となります。

貸付けをしたときは、農業委員会若しくは市町村長の証明書を添付し、所轄の税務署に届出書を原則2か月以内に提出することが必要となります。

なお、相続税納税猶予制度の適用を受けている者が営農困難時貸付けの対象となったときには、農地法3条による貸借が可能となります（全地域が対象）。

〔26〕 借りている農地を転貸できるか

Q 農地を農地法3条の許可を得て賃借していますが、ケガを負い、1年程度通常の耕作ができそうもありません。その期間、近隣の農業者にその農地を耕作してもらおうと思うのですが可能でしょうか。

A 借りている農地を第三者に転貸することは、農地法上、原則禁止されていますが、例外的に転貸が可能となるケースがあります。

解説

農地法において、借り受けている農地の転貸は、原則、禁止されています（農地3②五）。

ただし、例外として、①耕作者及び世帯員等の死亡又は疾病及び療養により耕作できないことによる一時的な転貸、②耕作者の世帯員等への転貸、③水田裏作の目的に供するための転貸等が可能であると規定されています（農地3②五）。

本ケースは、①の「耕作者及び世帯員等の死亡又は疾病及び療養により耕作できないため、一時的に転貸する場合」に該当すると考えられます。

ただし、民法において「賃借人は、賃貸人の承諾を得なければ、その賃借権を譲り渡し、又は賃借物を転貸することができない」と規定されていますので、転貸には賃貸人の承諾が必要となります（民612①）。

また、転貸には農地法3条の許可等が必要となりますので、転借人は許可要件を満たすことが必要です（〔1〕参照）。

〔27〕 希望すれば誰でも農地中間管理機構から農地を借りることはできるのか

Q 農業未経験ですが農業への新規参入を計画しています。希望すれば誰でも農地中間管理機構から農地を借りることはできるのでしょうか。

A 農地中間管理機構から農地を借り受けるには、原則、地域計画内においては、目標地図に農業を担う者として位置付けられていること、地域計画外では、農業委員会の要請若しくは市町村等が作成する促進計画案に盛り込まれることが必要となります。

解説

1 農地中間管理事業

　農地中間管理事業は（農地中間2③）、市街化区域以外にある農地等（以下「農用地」といいます。）について、農地中間管理機構（以下「機構」といいます。）が所有者から農用地を借り受け（農地中間2③一）、それら農用地の貸付けを行うものです（農地中間2③二）。

　貸借は、特に、地域計画の区域において重点的に実施すると規定されています（農地中間17②）。

2 地域計画

　地域計画は、農業経営基盤強化促進法19条に規定され、市町村は、農業者等による協議（農経基盤18）を経て、地域農業の将来の在り方や目指すべき農用地の利用の姿を示した目標地図等を定める計画です。

計画策定後は、地域計画の実現に向けて、計画に定められた担い手等に農地中間管理事業による農用地等の利用集積を進めていきます。

なお、地域計画は、市街化区域を除き策定するものとされています（農業経営基盤強化促進法の基本要綱（平24・5・31　24経営564）第11・1）。

3　地域計画外

地域計画外の農地の貸借については、農業委員会の要請（農地中間18⑪）、または機構に対して市町村より農用地利用集積等促進計画案の提出があった場合に（農地中間19②）、行うことが基本とされています。

〔28〕 市街化区域の農地は貸借ができるか

Q 市街化区域の農地を所有しています。袋地のため転用の計画もなく、生産緑地の指定や相続税納税猶予制度の適用も受けていないのですが、高齢により貸したいと考えています。貸すことは可能でしょうか。また、その場合、どのような手続となり、留意事項はありますか。

A 市街化区域の農地の貸借は、生産緑地を除くと、農業委員会より農地法3条の許可を得る手続になります。

農地法3条の賃貸借（有償）は、原則、解約に当たって許可や賃借人の同意が必要となり、貸借中に所有者（貸付人）に相続が起こった場合に、当該農地は相続税納税猶予制度の適用を受けることができませんので、留意が必要です。

解説

農地法3条により貸借した農地は、所有者（貸付人）に相続が起こったときに営農困難時貸付け（〔25〕参照）等を除き、相続税納税猶予制度の適用を受けることができないため留意が必要です。

なお、市街化区域において、生産緑地での都市農地貸借円滑化法の貸借は相続税納税猶予制度の適用を受けることができます（〔24〕参照）。

農地法3条の賃貸借は、10年以上の期間等を除くと解約に当たって許可や賃借人の同意が必要となりますが、使用貸借（無償）では、解約に許可等を得る必要はありません（〔31〕参照）。

〔29〕 農地の賃貸借で解約権の留保を盛り込んだ契約は可能か

Q 農地を所有しており、農業者Ａに賃貸借をすることにしました。農地法３条許可の申請に当たり、Ａと契約を結ぶのですが、「私に相続があったときは返還する」といったいわゆる解約権の留保を盛り込んだ契約をＡと結ぶことは可能でしょうか。

A 農地の賃貸借の場合、解約権の留保を盛り込んだ契約を結んでも、無効となります。

解 説

　農地法18条７項において「農地法17条や民法の規定と異なる賃貸借の条件でこれらの規定による場合に比して賃借人に不利なものは、定めないものとみなす。」（要旨）とされています。

　また、農地法18条８項において「農地等の賃貸借に付けた解除条件又は不確定期限は、付けないものとみなす。」（要旨）とされています。

　これらのことから、農地の賃貸借の場合、解約権の留保を盛り込んだ契約は無効となります。

　一方、使用貸借の場合は、これらの制限がないことから、解約権の留保を盛り込んだ契約が可能です。

〔30〕 作業受委託と貸借は何が違うのか

Q 相続税納税猶予制度の適用を受けている市街化区域の（生産緑地の指定を受けていない）農地を所有しています。義父の介護のため、耕作が思うようにできないため、貸したいと考えているのですが、猶予の期限の確定（打切り）になるといわれました。貸す以外に農作業受委託という手法があるとのことですが、貸借と農作業受委託は何が違うのでしょうか。

A 両者は使用収益権の有無が違います。貸借は、農地の使用収益権を耕作者に移転させ、農作業受委託は、使用収益権を所有者に残したまま作業を受委託するものです。

解　説

1　使用収益権とは

使用収益権とは、その物を使用（物の用法に従い使うこと。）又は収益（物の果実を収取すること。）する権利のことをいいます（我妻榮ほか『我妻・有泉コンメンタール民法』450頁（日本評論社、第8版、2022））。農地においては、その農地での農業の主宰権とほぼ同様といえるでしょう（全国農業委員会ネットワーク機構・一般社団法人全国農業会議所『農地法の解説』42頁（全国農業会議所、改訂第4版、2023））。

2　貸借とは

貸借とは、使用収益させる権利を借主に移転させる契約です。その農地で生産行為を行って農産物を得るのは借主です。つまり貸借は、農産物の所有権は耕作者（借主）に帰属しますし、種苗や資材なども

耕作者（借主）が準備します。賃貸借であれば使用収益させる対価として耕作者（借主）から所有者（貸主）に賃料を支払います（民601）。使用貸借であれば無償ですので賃料はありません（民593）。

　なお、賃貸借と使用貸借は単に対価の有無が異なるだけではなく、賃貸借は賃料という対価の授受に注目した制度、使用貸借は賃料がなくとも使用収益させる貸主と借主の信頼関係（人間関係）を重視した制度という性質の違いがあります。

3　作業受委託とは

　作業受委託とは、使用収益権は農地所有者に残したまま、所有者の行う農業の一環として作業を受委託するものです。貸借と異なり、その農地での農産物を生産するのは所有者で、作業をする者は、所有者の農産物生産のための作業を委託されているにすぎません。つまり、その農地での生産物は所有者（委託者）に帰属しますし、種苗や資材などは所有者が準備（費用負担）することになります。所有者が行う農業を作業者に委託するものですので、所有者（委託者）から作業者（受託者）に対して委託料を支払います。

4　使用収益権の移転の判断要素

　使用収益権を移転しているかは、その農地での農産物の売上の帰属主体が一つの判断要素となります。帰属主体が耕作者（作業者）であれば貸借、農地所有者であれば作業受委託に傾きます。ただし、売上の帰属先が農地所有者にあるだけで、実質的には作業者が農業主宰者といえるような場合は農作業受委託ではなく貸借と判断される可能性があります。契約名称のいかんにかかわらず、実態から判断する必要があります。

（解　約）

〔31〕　農地の賃貸借を解約するときは農地法の手続が必要か

Q　所有する農地を農業者に農地法３条の許可を得て賃貸借（有償）をしています。賃貸借の解約には農業委員会の許可や届出が必要だと聞いたのですが、要件や手続等について教えてください。また、許可や届出を必要とせず、賃貸借期間の満了により解約となる農地の法律手続はあるのでしょうか。

A　農地法３条の許可を得た賃貸借は、民法の原則（民601）と異なり、貸付期限が終了しても、賃貸借は終了せず、農地法17条の規定により法定更新がされ、都道府県知事等の許可や賃借人の同意がないと賃貸借の解約ができません。

　なお、農地中間管理事業法、都市農地貸借円滑化法等に基づく賃貸借は、貸付期限が到達したときに終了します。

解　説

　農地法３条の許可を得た期間の定めのある農地の賃貸借の解約には、原則、都道府県知事等の許可が必要です（農地18①）。

　賃貸借を解約する場合には、賃貸借期間の満了の６か月前までに、都道府県知事等の許可を得る必要があります。

　都道府県知事等の許可を得るには、許可要件に該当する必要があります。

　主な許可要件は、以下のとおりです（農地18②各号、処理基準別紙１第９・２）。

① 不耕作や賃料の滞納又は無断転用など賃借人の信義に反する行為があった場合
② 具体的な転用計画があり、転用許可が見込まれ、賃借人の経営及び生計や離作条件からみて解約が相当と認められる場合
③ 賃借人の生計及び賃貸人の経営能力からみて賃貸人が耕作することが相当と認められる場合
④ 利用意向調査の結果、農地中間管理機構との協議を勧告された場合
⑤ その他正当の事由がある場合

　ただし、農地を引き渡す前6か月以内に、賃貸人と賃借人の合意による解約が成立したときは、都道府県知事等の許可は必要ありません。その場合は、農業委員会に農地法18条6項の合意解約の通知書を当事者の連署にて提出します。

　農地法18条の許可等を得ずに賃貸借の解約ができる例外としては、10年以上の期間の定めのある賃貸借（農地18①三）や、農地法3条3項各号に基づく解除条件付きの賃貸借で賃借人が農地を適正に利用していない場合等の一方解約があります（農地18①四）。

　また、賃貸借であっても、農地中間管理事業の農用地利用集積等促進計画による賃貸借（市街化区域以外）、都市農地貸借円滑化法の事業計画の認定による賃貸借（生産緑地）等は、賃貸借期間が終了すれば、解約となります。

　なお、農地法3条の許可を得た使用貸借（無償の貸借）については使用貸借期間が満了すれば、解約となります（民597）。

〔32〕 貸付者と借受人の死亡により貸借は解約となるのか

Q 農地を所有しており農地法3条の許可を得て農業者Aと貸借しています。仮に、自分やAに相続があったときは、貸借は解約となるのでしょうか。

A 貸借が賃貸借の場合と使用貸借の場合で分けて考える必要があります。原則、使用貸借で借受人が死亡したときのみ貸借が解除となります。

解 説

1 使用貸借の場合

民法597条3項には「使用貸借は借主の死亡によって終了する。」と規定されています。このとおり、貸付人の死亡によっては、原則、使用貸借は終了しませんが、契約で「貸主の死亡により解除」等の旨がうたわれてあれば使用貸借は終了します。

2 賃貸借の場合

賃借権は、被相続人の一身に属したものではないため、相続の対象となり、賃貸人若しくは賃借人の死亡によっても賃貸借は継続することになります（民896）。

また、農地の賃貸借は、農地法18条1項の許可等を受けなければ、貸付期間が到達しても、原則、引き続き賃貸借が継続されることになります（〔31〕参照）。

[33] 借受者が耕作をしておらず賃料が未払いであるときは、貸付者が賃貸借を一方解約できるのか

Q 農地を所有しており農地法3条の許可を得てAに農地を賃貸しています。最近Aは耕作している様子もなく、賃料の支払も滞っています。こちら（賃貸人）からの一方解約は可能でしょうか。可能な場合どのような手続が必要でしょうか。

A 不耕作や賃料の滞納など賃借人に信義に反する行為があった場合には、都道府県知事等の許可を得れば、賃借人の同意を得ずに解約は可能となります。

解説

　農地の賃貸借の解約には、原則、都道府県知事等の許可や賃借人の同意が必要です（農地18①）。

　本ケースの場合、これにかかわらず、信義則違反（農地18②一）として都道府県知事等の許可を得れば、賃借人の同意を得ずに解約が可能です。

　また、この賃貸借契約が農地法3条3項各号に基づく解除条件付きであった場合は「農地を適正に使用していない場合は、貸借の解除をする旨の条件が書面による契約で付されていること」が要件となっているため、農地法18条の例外として、一方解約（解除）が可能ですが、あらかじめ農業委員会への届出が必要となります（農地18①四、農地則66・67）。

　本ケースとは異なりますが、使用貸借の解約については、農地法に規定がないことから、農地法上の許可等は必要ありません。

〔34〕 賃貸借の解約の解決手段の一つである農事調停とは

Q 亡くなった父親の代からAに賃貸し続けている農地を所有しています。最近、Aの耕作が滞っている様子なので、賃貸借を解約したいと思っていますが、なかなかAが話合いに応じてくれません。農事調停という解決手段があるとのことですが、どのようなものなのでしょうか。

A 農事調停は、裁判所において、農地の貸借などをめぐる紛争について話合いをする制度です。話合いがまとまった（調停が成立した）場合には、その内容について確定判決と同一の効力があります。

解説

農事調停とは、民事調停法に定められている制度で、農地又は農業経営に付随する土地、建物その他の農業用資産（以下「農地等」といいます。）の貸借その他の利用関係の紛争について、当事者の互譲による解決を目指し、裁判所関与のもとで話合いをする制度です（民調25・1・2）。

農地の所在地を管轄する地方裁判所に申し立てるが原則ですが、当事者の合意で定める場合には簡易裁判所に申立てすることもできます。

調停では、裁判官と調停委員により組織される調停委員会が当事者双方の主張を聞いて話合いを進めていきます。このほかに、小作官又は小作主事という農業の現場を知る立場の者が参加し、調停委員会は

これらの者の意見を聞いて進めます（民調25～28）。

　話合いが合意に至った場合には調停調書が作成され、その調書は確定判決と同一の効力を有し、例えば強制執行ができるなどの効果があります（民調16、民訴267、民執22・25）。

　調停は、裁判所での手続ですが、弁護士を付けずに行う人も多く、裁判所のホームページや窓口で書式を確認することができます。

〔35〕 賃貸借の解約に農業委員会の和解の仲介を利用したいときは

Q 農業経営をしています。一部農地を農地法3条の許可を得て農業者Aに賃貸しています。最近、Aの耕作が滞っている様子であり、また、息子が我が家の農業に就いたので賃貸借を解約し耕作したいと考えていますが、なかなかAが話合いに応じてくれません。話合いの場として農業委員会の和解の仲介という仕組みがあるとのことですが、どのような仕組みなのでしょうか。

A 和解の仲介は、農地の賃貸借の解約等の利用関係の紛争について、**農業委員が仲介委員となり、話合いの場を設け、小作主事の意見を聴きながら、紛争を解決していく制度**です。

解 説

和解の仲介（農地25①②・26①②）は、手続が簡易で、費用の必要がなく、地域の実情に通じている農業委員が仲介委員となるため、紛争の解決に向かいやすいというメリットがあります。

農業委員会への和解の仲介の申立ては、当事者の双方又は一方から行うことができます（農地25①）。

また、農業委員会で和解の仲介を行うことが困難な場合には、都道府県知事等で行うことが可能となっています（農地28①②）。

なお、農業委員会が設置されていない市町村では、和解の仲介の制度は利用できません。

〔36〕 市街化区域で具体的な転用計画がある場合は賃貸借を解約できるのか

Q 先代からAに賃貸し続けている市街化区域の農地を所有しています。この農地は、生産緑地の指定も受けていないため、我が家の息子夫婦の住宅を建てることを具体的に考えています。このような場合、農地法18条の許可を得て賃貸借の解約をすることはできるのでしょうか。

A 市街化区域で、具体的な転用計画があり、転用の実現性が見込まれ、賃借人の経営及び生計や離作条件からみて解約が相当と認められれば、都道府県知事等の許可を得て、賃貸借の解約ができると解せます。

解 説

農地法3条の許可等を得て賃貸借した農地の解約には、原則、農地法18条に基づく都道府県知事等の許可が必要です（〔31〕参照）。

農地法18条2項2号では、解約を許可することができる要件のひとつとして「その農地又は採草放牧地を農地又は採草放牧地以外のものにすることを相当とする場合」と規定しています。

また、処理基準では「具体的な転用計画があり、転用許可が見込まれ、かつ、賃借人の経営及び生計状況や離作条件等からみて賃貸借契約を終了させることが相当と認められるか等の事情により判断するものとする。」と示されています（処理基準別紙1第9・2(2)）。

本ケースは市街化区域とのことですので、農地転用の手続が農業委員会への届出であり（農地4①七）、転用が可能であると認められます。

このため、離作条件等が適正であると判断されれば、農地法18条の許可を得られると解せます。

　ただし、農地法18条の許可を得ても、離作条件、例えば離作料等について賃借人が不服であれば、行政不服審査や裁判等による長期化のおそれがあります。

　このため、賃貸借の解約は、合意解約により進めることが肝要であるといえるでしょう。

第 3 章

転　用

第3章　転用

（総　則）

〔37〕　市街化区域以外の農地転用の許可要件は

Q 農業経営をしています。市街化区域以外の農地を所有していますが、その農地の一部を後継者住宅の用地に転用したいと考えています。農地転用には農地法の許可を得る必要があると思いますが、許可要件や手続について教えてください。

A 市街化区域以外の農地を転用しようとするときは、原則、都道府県知事等（市町村長若しくは農業委員会長に権限委譲あり）の許可が必要となります。

自己転用の場合は農地法4条、権利設定を伴う転用の場合は農地法5条の許可を得ますが、許可申請は農業委員会（未設置の場合は市町村）となります。

許可を得るためには、原則、一般基準と立地基準を満たすことが必要です。

解　説

1　一般基準

主な一般基準の要件は以下のとおりです。要件の全てを満たす必要があります（農地4⑥三～六・5②三～八、農地則47・57）。

① 申請者に農地転用を行うために必要な資力及び信用があると認められること

② 申請に係る農地転用の妨げとなる権利を有する者の同意を得ていること
③ 農地の全てを農地転用に供することが確実と認められること
④ 農地転用の許可を受けた後、遅滞なく、申請に係る農地を申請に係る用途に供する見込みがあること
⑤ 申請に係る事業の施行に関して行政庁の免許、許可、認可等の処分を必要とする場合においては、これらの処分がされたこと又はこれらの処分がされる見込みがあること
⑥ 申請に係る事業の施行に関して法令により義務付けられている行政庁との協議を行っており、支障がない見込みがあること
⑦ 申請に係る農地と一体として申請に係る事業の目的に供する土地を利用できる見込みがあること
⑧ 申請に係る農地の面積が申請に係る事業の目的からみて適正と認められること
⑨ 申請に係る事業が工場、住宅その他の施設の用に供される土地の造成のみを目的としないものであること
⑩ 農地転用をすることにより、土砂の流出又は崩壊その他の災害を発生させるおそれがないと認められること
⑪ 農業用用排水施設の有する機能に支障を及ぼすおそれがないと認められること
⑫ 周辺の農地に係る営農条件に支障を生ずるおそれがないと認められること
⑬ 農地の利用の集積に支障を及ぼすおそれがないと認められること
⑭ 農地の農業上の効率的かつ総合的な利用の確保に支障を生ずるおそれがないと認められること
⑮ 仮設工作物の設置その他の一時的な利用に供するための所有権の取得ではないこと

⑯　一時転用等の場合において、その利用に供された後にその土地が耕作の目的に供されることが確実と認められること

　なお、令和6年の農地法改正にて、許可後より転用行為が完了するまでの農業委員会への実施状況の報告の義務付け（農地4⑦・5③）が追加されます。

2　立地基準と転用許可可否

　立地基準と転用許可可否の概要は以下のとおりです。立地基準では、転用を行う農地の立地から、転用許可の可否を判断します（立地基準等については、〔1〕の図「農地制度と都市計画制度等（概要図）」を参考としてください。）。

　なお、下記の第1種農地の要件に該当する場合であっても第2種農地の基準又は第3種農地の基準に該当するものは、第1種農地ではなく、第2種農地又は第3種農地として区分されます（農地4⑥一ロ・5②一ロ）。

① 　農用地区域内の農地（農地4⑥一イ・5②一イ）：原則不許可
② 　甲種農地：原則不許可（農地4⑥一ロ・5②一ロ、農地令5・6・12・13、農地則41・55)

　　甲種農地とは、市街化調整区域内にある特に良好な営農条件を備えている農地で、次に該当する農地

　㋐　おおむね10ヘクタール以上の一団の農地の区域内にある農地で、その区画の面積、形状、傾斜及び土性が高性能農業機械による営農に適する農地

　㋑　特定土地改良事業等の施行に係る区域内にある農地で、工事完了の年度の翌年度から8年以内の農地

③ 　第1種農地：原則不許可（農地4⑥一ロ・5②一ロ、農地令5・12、農地則40）

第1種農地とは、集団的に存在する農地その他の良好な営農条件を備えている農地で、次に該当する農地
- ㋐　おおむね10ヘクタール以上の一団の農地の区域内にある農地
- ㋑　特定土地改良事業等の施行に係る区域内にある農地
- ㋒　近傍の標準的な農地を超える生産をあげることができると認められる農地

④　第2種農地：周辺の土地では事業の目的を達成できない場合、公益性が高い事業等の場合は、許可（農地4⑥ニ・一ロ(2)・5②ニ・一ロ(2)、農地令4②・8・11②・15、農地則45・46）

　第2種農地とは、市街地の区域内又は市街地化の傾向が著しい区域内にある農地に近接する区域内にある農地、その他市街地化が見込まれる区域内にある農地で次に該当する農地

- ㋐　道路、下水道その他の公共施設又は鉄道の駅その他の公益的施設の整備の状況からみて、第3種農地の場合における公共施設等の整備状況の程度に該当することが見込まれる区域内にある農地で次に該当する農地
  - ⓐ　相当数の街区を形成している区域内にある農地
  - ⓑ　次の施設の周囲おおむね500メートル以内の区域内にある農地
    - ⅰ　鉄道の駅、軌道の停車場又は船舶の発着場
    - ⅱ　都道府県庁、市役所、区役所又は町村役場（これらの支所を含みます。）
    - ⅲ　その他ⅰ及びⅱの施設に類する施設
- ㋑　宅地化の状況が住宅の用若しくは事業の用に供する施設又は公共施設若しくは公益的施設が連たんしている程度に達している区域に近接する区域内にある、おおむね10ヘクタール未満の農地の区域内にある農地

第3章　転　用

⑤　第3種農地：原則許可（農地4⑥一ロ（1）・5②一ロ（1）、農地令7・14、農地則43・44）

　　第3種農地とは、市街地の区域内又は市街地化の傾向が著しい区域内で、次に該当する農地
　㋐　道路、下水道その他の公共施設又は鉄道の駅その他の公益的施設の整備の状況が次の程度に達している区域内にある農地
　　ⓐ　水管、下水道管又はガス管のうち2種類以上が埋設されている道路の沿道の区域であって、容易にこれらの施設の便益を享受することができ、かつ、農地からおおむね500メートル以内に二つ以上の教育施設、医療施設その他の公共施設又は公益的施設が存する
　　ⓑ　農地からおおむね300メートル以内に次に掲げる施設のいずれかが存する
　　　ⅰ　鉄道の駅、軌道の停車場又は船舶の発着場
　　　ⅱ　農地法施行規則35条4号ロに規定する道路の出入口
　　　ⅲ　都道府県庁、市役所、区役所又は町村役場（これらの支所を含みます。）
　　　ⅳ　その他ⅰ～ⅲの施設に類する施設
　㋑　宅地化の状況が次の程度に達している区域内にある農地
　　ⓐ　住宅の用若しくは事業の用に供する施設又は公共施設若しくは公益的施設が連たんしている
　　ⓑ　街区に占める宅地の面積の割合が40％を超えている
　　ⓒ　都市計画法8条1項1号に規定する用途地域が定められている（農業上の土地利用との調整が調ったものに限ります。）

〔38〕 市街化区域の農地を転用するときの手続は

Q 市街化区域の農地を所有しています。近く、娘家族の住宅用地として転用する計画があるのですが、農業委員会へ農地法の届出が必要だと聞きました。どのような手続が必要でしょうか。また、留意事項があれば教えてください。

A 市街化区域の農地を転用するときには、**農業委員会へ農地転用の届出が必要**となります。自己転用の場合は農地法4条1項7号、権利設定を伴う転用の場合は農地法5条1項6号の届出をします。市街化区域の農地の転用に当たっては、生産緑地の指定や相続税等納税猶予制度の適用の有無に留意する必要があります。

解 説

　市街化区域の農地を転用するときには、農地転用の届出書を、法定添付書類等とともに、農業委員会に提出します。
　主な法定の添付書類は、次のとおり規定されています。
① 土地の位置を示す地図及びその土地の登記事項証明書（全部事項証明書に限ります。）（農地則26一、平21・12・11　21経営4608・21農振1599）
② その農地が賃貸借がされている場合には、農地法18条1項の規定による解約等の許可があったことを証する書面（農地則26二）
　このほか、ケースによっては、通常とは異なる添付書類が必要な場合もあります。
　届出書が提出された後、農業委員会は2週間以内に受理通知書を届出者に交付します。受理日は、届出書が提出された日となり、受理通

知書の効力は届出をした日から有効になりますが、届出者は受理通知書が交付される日までは、転用事業に着手してはならないと示されています（平21・12・11　21経営4608・21農振1599）。

　なお、市街化区域で生産緑地の指定を受けている農地では、一定の農業用施設等の転用のみ認められています（〔63〕参照）。

　また、相続税等納税猶予制度の適用を受けている農地においては、一定の農業用施設等以外の農地転用を行った場合は、原則、期限の確定（制度適用の打切り）となり、猶予税額に利子税を付して2か月以内に納付しなくてはなりません（〔64〕参照）。

（一　般）

〔39〕　第1種農地をコンビニエンスストアの用地に転用できるか

Q　国道沿いにある第1種農地を所有しています。この農地をコンビニエンスストアの用地に転用したいのですが可能でしょうか。また、第1種農地を例外的に転用できる施設等は、農地法に規定がされているのでしょうか。

A　第1種農地は、原則、農地転用が不可とされています。ただし、例外として、流通業務施設、休憩所、給油所その他これらに類する施設で、一般国道や都道府県道の沿道にある第1種農地は、その農地以外に設置することではその目的が達成することができず、かつ、周辺農地の集団化等に支障を及ぼさないということ等であることが認められれば、農地法の立地基準上、設置が可能とされています。このうち、コンビニエンスストアについては、休憩所とみなすことができ、上記の要件に加え「主要な道路の沿道において周辺に自動車の運転者が休憩のため利用することができる施設が少ない場合には、駐車場及びトイレを備え、休憩のための座席等を有する空間を備えているコンビニエンスストア及びその駐車場が自動車の運転者の休憩所と同様の役割を果たしている」と示され、農地転用許可を得るには、一般基準等とあわせてこれら全ての要件を満たす必要があります。

第3章 転用

> 解　説

　農地の転用許可の立地基準で分類される第1種農地は、①おおむね10ヘクタール以上の規模の一団の農地の区域にある農地、②土地改良事業等が実施された区域内にある農地、③自然条件からみてその近傍の標準的な農地を超える生産をあげている農地等と規定され（農地令5・12）、原則、農地転用はできないことになっています（農地4⑥一ロ・5②一ロ）。

　ただし、第1種農地における農地転用の不許可の例外として、農地法施行令4条1項及び11条1項等に、①仮設工作物の設置その他一時的な利用に供するために行うもの等、②農業用施設、農畜産物処理加工施設、農畜産物販売施設、その他地域の農業の振興に資する施設等、③市街地に設置することが困難又は不適当な施設等、④調査研究、土石の採取その他の特別の立地条件を必要とする事業の用に供するために行われるもの等、⑤隣接する土地と一体として同一の事業の目的に供するために行うものであって、当該事業の目的を達成する上で当該農地を供することが必要であると認められるもの等、⑥公益性が高いと認められる事業の用に供するもの等、⑦農村地域への産業の導入の促進等に関する法律、総合保養地域整備法、多極分散型国土形成促進法、地方拠点都市地域の整備及び産業業務施設の再配置の促進に関する法律、地域経済牽引事業の促進による地域の成長発展の基盤強化に関する法律等で特定する施設等の設置等と規定されており、具体的事業等については、農地法施行規則33条から39条及び運用通知第2に上記の該当休憩所等を含め示されています。

〔40〕 第1種農地を「特別養護老人ホーム」や「介護老人保健施設」の用地に転用できるか

Q 「特別養護老人ホーム」や「介護老人保健施設」の用地を探しているのですが、なかなか適地がありません。第1種農地を両施設の用地として転用することは可能でしょうか。

A 第1種農地は、立地基準上、原則、農地転用ができません。ただし、「特別養護老人ホーム」及び「介護老人保健施設」は、一般基準を満たし、かつ立地基準上、農地法施行令4条1項2号に規定する不許可の例外に該当すると認められれば、設置が可能であると考えられます。

解説

1 「特別養護老人ホーム」への第1種農地の転用

　農地法施行令4条1項2号ホにおいて「公益性が高いと認められる事業」に該当する施設は第1種農地に設置が可能とされており、「公益性が高いと認められる事業」として「土地収用法等により土地を収用することができる事業」との規定がされています（農地則37一）。

　特別養護老人ホームは、土地収用法3条にて「土地を収用することができる事業」として規定されている「社会福祉法による社会福祉事業」に該当することから（社福2②三）、他に代替地がなければ、第1種農地に設置が可能と考えられます。

2 「介護老人保健施設」への第1種農地の転用

　農地法施行令4条1項2号ロにおいて「市街地に設置することが困難又は不適当なもの」は、第1種農地に設置が可能とされており、「市街地に設置することが困難又は不適当なもの」として「病院、療養所その他の医療事業の用に供する施設でその目的を達成する上で市街地以外の地域に設置する必要があるもの」との規定がされています（農地則34①一）。

　「介護老人保健施設」は、医療法にて医療提供施設（医療1の2②）と規定されており、介護保険法では「要介護者に対して、看護、医学的管理の下における介護及び機能訓練その他必要な医療並びに日常生活上の世話を行うことを目的とする施設」とされていることから（介保8㉘）、「医療事業の用に供する施設」に該当し、「市街地以外の地域に設置する必要がある」と認められ、かつ、他に代替地がなければ、第1種農地に設置が可能と考えられます。

〔41〕 既存施設の拡張に第1種農地を転用できるか

Q 幼稚園を運営しているのですが、手狭になったので、施設を拡張することを計画しています。ただし、拡張できるスペースは幼稚園と隣接している第1種農地のみしかありません。所有者からの了承は得ているのですが、農地転用の許可を得ることは可能でしょうか。

A 既存施設の拡張において、拡張できる隣接地が第1種農地のみしかなく、規定の要件を備えているのであれば、農地転用の許可を得ることは可能であると解せます。

解　説

　農地転用の許可は、立地基準と一般基準を満たす必要があります。
　立地基準における第1種農地は、優良農地として、原則、農地転用が不可の区域となっています（〔37〕参照）。
　ただし、第1種農地においても、例外的に農地転用が可能な事項が農地法に規定されています。
　本ケースでは、既存施設の拡大となりますので「既存施設の拡張（拡張に係る部分の敷地の面積が既存の施設の敷地の面積の2分の1を超えないものに限る。）」（農地令11①二ニ、農地則35五）に当たると想定され、既存の施設の敷地の面積の2分の1を超えないものであり、かつ申請に係る農地を農地以外のものにすることによりその他の周辺の農地に係る営農条件に支障を生ずる恐れがないこと（農地5②四）等の一般基準を満たせば、農地法5条の許可を得ることは可能だと考えられます。

〔42〕 建築条件付売買予定地を目的とした農地転用はできるか

Q 第3種農地を所有していますが、一定期間内に住宅を建てるという条件の下で農地を造成する、いわゆる「建築条件付売買予定地」の用地として売却したいと考えています。土地の造成のみを目的とした農地転用は許可を得ることはできないと聞いていますが、農地転用の許可を得ることは可能でしょうか。

A 農地転用の許可に当たり「土地の造成のみを目的とした転用」は原則不許可と規定されていますが、建築条件付売買予定地については、通知で示されている一定の要件を満たすことにより許可を得ることが可能であると示されています。

解 説

通知(「建築条件付売買予定地にかかる農地転用許可の取扱いについて」(平31・3・29 30農振4002))では、農地転用許可要件(〔37〕参照)とともに、下記の要件を全て満たすことにより許可が可能であると示されています。

① 農地転用事業者と土地購入者が売買契約を締結し、当該農地転用事業者又は同事業者が指定する建築業者(複数の場合を含みます。)と土地購入者とが当該土地に建築する住宅について一定期間内(おおむね3か月以内)に建築請負契約を締結することを約すること。

② 農地転用事業者又は同事業者が指定する建築業者と土地購入者とが一定期間内に建築請負契約を締結しなかった場合には、当該土地

を対象とした売買契約が解除されることが当事者間の契約書において規定されていること。
③　農地転用事業者は、農地転用許可に係る当該土地の全てを販売することができないと判断したときは、売買することができなかった残余の土地に自ら住宅を建設すること。

　さらに、許可後の要件として、①農地転用許可後には、農地転用事業者等は、工事（住宅の建設工事を含みます。）が完了するまでの間、当該許可から3か月後及び1年ごとに進捗状況を報告するとともに、工事が完了したときは遅滞なくその旨を報告すること、②農地転用事業者から土地購入者への土地の引渡しについては、当該土地に住宅が建設されたことを確認した後又は土地の宅地造成後に建築確認が行われた後に行うこと等が付されることになります。

〔43〕 共有名義の農地を単独で転用申請できるか

Q 自分と弟との共有名義の農地を所有しています。その農地の一部を自分用の駐車場用地に転用しようと考えています。弟は海外に住んでいます。小面積の転用であり、持分の移転もないことから、弟の意思を確認せずに、単独で農地転用の申請をすることは可能でしょうか。

A 単独での農地転用の申請はできないと解せます。

解　説

　共有物の変更については、民法251条に「各共有者は、他の共有者の同意を得なければ、共有物に変更を加えることができない。」とあり、農地を転用する際は、共有者全員の連名によるものか、若しくは転用を行おうとする者が共有者全員の同意を得て、農地法4条若しくは農地法5条の許可申請や届出を行う必要があります。

　本ケースの場合、あなたは農地法4条転用（自己転用）、弟は農地法5条転用（使用貸借などの権利設定）に当たりますので、農地法の手続上、原則、二人の連名による農地法5条の許可申請若しくは届出を行うことになります（農地4①一）。

〔44〕 市街化調整区域の農地を建売住宅の用地として転用できるか

Q 市街化調整区域の第3種農地を所有しています。この農地を建売住宅の用地としてハウスメーカーに売却することは可能でしょうか。

A 市街化調整区域においては、既存宅地等の一部例外を除けば、建売住宅は、開発行為の許可をし得る対象となっていないことから、第3種農地であっても原則農地転用の許可を得ることはできないと考えられます。

解説

　本ケースの転用事業は、農地法5条の許可申請をすることになりますが、農地転用の許可を得るためには、立地基準と一般基準を満たす必要があります（〔37〕参照）。

　第3種農地は、立地基準上、原則、農地転用が可能な地域となっていますので要件は満たしていると想定されますが、一般基準において、開発行為に当たる事業の場合は、原則として都市計画法29条等の許可を得る必要があり、農地法の転用許可と都市計画法の開発許可は同時に許可を行うことになっています（平21・12・11　21経営4608・21農振1599別紙1第4・1（6）イ）。

　市街化調整区域において、原則、建売住宅の建設は開発行為に当たります。

　既存宅地等の例外を除くと、建売住宅の建設は、市街化調整区域で開発許可を得ることができない事業の対象となっています（都計29・34）。

したがって、本転用は農地法5条の許可を得ることができない事業と考えられます。

　ただし、市町村によっては、条例で定めた区域等で、一定の要件に適合していれば、開発行為が認められる場合があります。

〔45〕 将来に備え事前に農地転用の許可を得て農地の
　　　所有権を取得できるか

 会社員ですが、5年後に退職して地元に戻ることを計画しています。5年後に住む住宅用地を確保するために、今のうちに第3種農地の転用許可等を得ることは可能でしょうか。

A　遅滞なく着手できない転用行為は、許可を得ることができません。

| 解　説 |

　市街化区域以外の農地の転用は、農地法4条又は農地法5条の許可を得ることが必要となりますが、農地転用の許可を得るためには、立地基準及び一般基準を満たすことが必要です（〔37〕参照）。
　5年後に地元に戻ったときの住宅用地を確保するという本ケースについては、一般基準で許可できないものとして「農地転用の許可を受けた後、遅滞なく、申請に係る農地又は採草放牧地を申請に係る用途に供する見込みがない場合は許可することができない」（農地則57一）に当たると想定されることから、現時点での農地転用の許可は得ることができないと解せます。

〔46〕 権利者全てから同意を得られていない転用計画にあって、先行して農地転用の許可を得ることは可能か

Q フットサル場を設置する計画があり、利用者のための駐車場用地として私が所有する第3種農地を売却するのですが、フットサル場建設予定地の一部所有者からまだ売却の同意を得ていない状況です。先行して駐車場の設置を目的とした農地法5条の転用申請をし、許可を得ることは可能でしょうか。

A 先行して農地転用の許可を得ることはできないと解せます。

解 説

農地法4条及び5条の農地転用許可を得るためには、立地基準と一般基準を満たす必要があります（〔37〕参照）。

一般基準には、農地法5条の許可を得ることができないものとして「申請に係る農地又は採草放牧地と一体として申請に係る事業の目的に供する土地を利用できる見込みがないこと」（農地則57三）と規定されており、本ケースの転用申請は、新たに建設されるフットサル場利用者のための駐車場を設置することを目的としていますので、そのフットサル場が建設されることが確実でない場合は、農地法5条の許可を得ることはできないと解せます。

〔47〕 農地を転用する際に抵当権者の同意は必要か

Q 第3種農地を所有しています。近隣に大型商業施設ができたので、その農地を貸駐車場として自己転用したいのですが、抵当権が設定されています。抵当権が設定されている農地を転用することは可能でしょうか。

A 抵当権が設定されている農地を転用することは可能ですが、抵当権者の同意を得ることが肝要だと解せます。

解 説

　市街化区域以外の農地を転用するには、都道府県知事等の許可を得ることが必要であり、許可を得るには、立地基準及び一般基準を満たす必要があります。

　一般基準では、農地転用の事業計画の実現性が問われますので、その他参考書類（農地則57の4②六）として、抵当権者の同意書等が求められる場合があると想定されます。

〔48〕 相続登記が済んでいない農地の転用申請は可能か

Q 所有している農地を転用目的で売却する契約をしていた父親が急死しました。まだ、転用許可の申請はなされておらず、相続人も確定していないのですが、父親が所有していた農地について農地法5条の許可申請を行うことは可能でしょうか。

A 法定相続人全員の連名により農地法5条の申請をすることは可能であると解せます。

解説

農地法5条の許可申請は、その農地の権利者のみが行えます。権利者は、申請時に提出する土地の登記事項証明書で確認されますが（農地則26一）、相続登記が済んでいない場合は、その法定相続人等全員での申請が必要となります。

本ケースでは、急死した父親の法定相続人全員の連名による農地法5条の申請が可能であると考えます。

なお、遺産分割協議書が作成されている場合は、遺産分割協議書に基づく相続人等による申請が可能とされており、その場合、申請者は遺産分割協議書の写し等を添付し申請することになります。

〔49〕 市街化調整区域と市街化区域の農地を同時転用するときの申請は

Q 市街化区域の（生産緑地でない）農地と市街化調整区域内にある第3種農地を所有しています。両農地にまたがる駐車場を設置する農地転用を計画しているのですが、農地法5条は、許可と届出と別々に申請するのでしょうか。

A 本ケースでは、市街化区域と第3種農地について、一括して、都道府県知事等に転用許可の申請をすることが一般的な手続と考えられます。

解説

　農地法では、農地転用の許可に当たり、申請のあった農地転用の事業計画が法律の許可基準を満たしているかを審査します。

　農地法5条の一般基準には、①申請に係る農地と一体として事業の目的に供する土地を利用できる見込みがあること（農地則57三）、②申請に係る農地の面積が事業の目的からみて適正と認められること（農地則57四）等の要件があり、市街化区域と市街化区域以外の農地を一体として同じ目的で利用する転用事業計画では、市街化区域の農地を含めた許可申請にて一括して審査をすることが一般的となっています。

　したがって、本ケースでは、農地法5条の許可申請書に市街化区域の農地を含めて申請をすることになると考えます。

　一方で、市街化区域の農地については、農地法上、単独で農業委員会に農地転用の届出をすることができると考えられますが、市街化区域以外の農地転用の許可が得られない場合には、転用が実現されないことになります。

〔50〕 農地転用の許可を得て所有権移転された転用未実施の農地を、他の転用目的で取得できるか

Q 経営する会社に隣接する空地（市街化区域外）があるのですが、どうやら過去にＡ社が農地法５条の許可を得て所有権を取得したまま転用未実施の状態にあるようです。この土地の所有権をＡ社から我が社が取得して新社屋を建設したいと考えているのですが、農地法５条の許可は必要でしょうか。また、許可を得ることは可能でしょうか。

A 本ケースの場合は、農地法等の違反に該当するかなどを確認した上で、農地法５条の許可申請等の手続を行うことになります。

解説

市街化区域以外において、所有権移転を目的とした農地法５条の転用許可を得た農地は、譲受人がまず所有権移転登記をし、その後に転用事業に着手することが多くあります。

本ケースは、譲受人が所有権を取得した後に、転用事業に着手しなかったケースだと考えられます。

第三者がこの土地をＡ社から取得し、別の目的の転用事業を行う場合には、まずＡ社の当該土地の取得が悪質なケースではなく農地法３条等に違反するものではないことを許可権者である都道府県や農業委員会等に確認することが必要です。

その上で、新たな農地法５条の転用許可等の申請をし、一般基準等を満たすことによって、許可を得ることが可能になると考えます。

（公共事業等）

〔51〕 地方公共団体に公共用道路用地として農地を売却するときに農地転用の手続は必要か

 県道の拡張のため私が所有する農地を県に売却することになりました。農地転用の手続は必要でしょうか。

 農地転用の手続は不要です。

解　説

　農地法では、「国又は都道府県等が道路、農業用用排水施設その他の地域振興上又は農業振興上の必要性が高いと認められる施設等を設置するために農地を農地以外のものにする場合等」（農地5①一）は、農地転用の許可が不要とされており、本ケースはその規定に該当すると想定されることから農地法5条の許可若しくは届出の手続は必要ないと考えます。

〔52〕 市立中学校用地の一部として農地を市に寄附するときに農地転用の手続は必要か

Q 市立中学校が新たに校舎を増設することから、中学校と隣接している私の所有農地を市に寄附することにしました。農地法の手続は必要でしょうか。

A 農地法5条の許可を得る必要があると解せます。

解説

「地方公共団体（都道府県等を除く。）がその設置する道路、河川、堤防、水路若しくはため池又はその他の施設で土地収用法3条各号に掲げるものの敷地等に供するためその区域内にある農地等を取得する場合」（農地則53五）においては、農地転用の許可は不要と規定されていますが、学校教育法1条に規定する学校等は、その規定の例外とされていますので（農地則53五・25一）、本ケースである市立中学校の増設を目的とした転用は、農地法5条の許可若しくは届出が必要だと解せます。

〔53〕 農地に携帯電話の基地局アンテナを設置するときに農地転用の手続は必要か

Q 所有している農地に携帯電話の基地局アンテナを設置させてほしいとの依頼がありました。設置に当たり農地転用の手続は必要でしょうか。

A 認定電気通信事業者が農地に電波塔を設置する転用行為は、農地転用許可の例外とされていますので、農地法5条の許可を得る必要はありません。ただし、事業計画等の提出や農地転用許可権者等（都道府県知事等）との事前調整が必要です。

解説

　農地に携帯電話用の電波塔を設置することは、農地の転用行為に当たりますが、農地法5条の許可等の例外に「認定電気通信事業者が有線電気通信のための線路、空中線系（その支持物を含む。）若しくは中継施設又はこれらの施設を設置するために必要な道路若しくは索道の敷地に供するため権利等を取得する場合」（農地則53十四）と規定されていることから、認定電気通信事業者が転用実施主体であるときには、農地法5条の許可等を得ずに電波塔を設置できます。
　ただし、認定電気通信事業者は、事業計画等を農業委員会等に提出し、農地転用の許可権者等（都道府県知事等）と事業内容について事前に調整することが通知により示されています（平16・6・2事務連絡）。
　また、工事施工のために一時的に設置する事務所等の施設など農地転用の許可の例外に該当しない建築物等が含まれる場合は、別途、農

地法5条の許可等が必要になります。

　なお、電波塔を設置する農地が農業振興地域の農用地区域にある場合は、事前に農用地区域からの除外手続が必要となります。農用地区域からの除外ができない場合は、原則、電波塔の設置はできないことになります。

〔54〕 第１種農地を公共事業のための一時的な資材置場として転用できるか

Q 公共事業の河川工事の資材置場として、工事の現場と隣接する私が所有する農地を１年間ほど使わせてほしいとの依頼がありました。第１種農地に当たると思うのですが、他に資材置場として利用できる土地は見当たりません。この場合、農地の一時転用の許可を得ることは可能でしょうか。

A 本ケースの場合は公共事業であり、他に代替地がなく、一般基準を満たすということであれば、一時転用許可を得ることが可能であると考えられます。

解説

第１種農地は、原則、農地転用ができない区域となっています（〔37〕参照）。

ただし、土地収用法26条１項の告示に係る公共事業で、「申請に係る農地等を仮設工作物の設置その他の一時的な利用に供するために行うものであって、当該利用の目的を達成する上で当該農地等を供することが必要であると認められる」場合には、一般基準を満たすことができれば、一時転用が可能と考えられます（農地５②一、農地令11①一イ）。

（農業施設等）

〔55〕 農用地区域に観光農園の駐車場や販売施設を設置できるか

Q 観光農園を経営しています。お客さんの増加により駐車場が不足しています。さらに、農園で収穫した農産物を販売する簡易な施設を設置したいとも考えています。私の所有する土地は農業振興地域の農用地区域の農地のみです。観光農園に接した所有農地に、駐車場や簡易な販売施設を設置するための農地転用は可能でしょうか。

A 農業振興地域の農用地区域は、原則、農地転用が不可の区域と規定されていますが、必要不可欠な駐車場や主として自己が生産する農産物販売施設であれば、他の許可要件も満たすことによって設置は可能であると考えられます。

解 説

1 農用地区域の転用の例外

　農業振興地域の農用地区域に例外的に設置が可能な「耕作又は養畜の業務のために必要な農業用施設」（農振地域3四）は、農業振興地域の整備に関する法律施行規則1条に規定され、観光農園の来場者用の駐車場は、「農業用施設等に附帯して設置される休憩所、駐車場及び便所」（農振地域則1五）、簡易的な販売施設は「主として、自己の生産する農畜産物等の販売施設（略）」（農振地域則1三ロ）に該当すると考えられます。

2　農用地区域の転用

　農用地区域の農地を転用するためには、まずは市町村で農業振興地域整備計画の農用地区域に定める農業上の用途区分を農地から農業用施設用地に変更する必要があります（農振地域則4の2①）。

　その後、農地法4条の転用許可を農業委員会より得ることになりますが、同法4条の農地転用の許可は、立地基準と一般基準（〔37〕参照）を満たさなくてはならず、駐車場の規模等は利用者の数等から勘案する必要があり、販売施設は「農業者自らの生産する農畜産物等を量的又は金額的に5割以上使用して販売する」等の要件を満たさなくてはなりません（3(2)参照）。

　なお、用途区分を変更せず、農用地区域に設置できるものとして、農地法施行令4条1項1号に、農業振興地域整備計画の達成に支障を及ぼすおそれがないと認められるもので、仮設工作物の設置その他一時的な利用に供するために行うものであって、当該利用の目的を達成する上で当該農地を供することが必要であると認められるものであるとの規定がされています。

3　農用地区域に設置可能な農業用施設

　農用地区域の用途区分を変更し農業用施設用地において設置できる農業用施設等については、農振地域法のほか、「農業振興地域制度に関するガイドライン」（平12・4・1　12構改C261）等によって示されています。

　主な施設等の概要は下記のとおりです。

(1)　主として、自己の生産する農畜産物又は当該農畜産物及び当該施設が設置される市町村の区域内若しくは農業振興地域内において生産される農畜産物を原料又は材料として使用する製造又は加工の用に供する施設（農振地域則1三イ）

農畜産物を原材料として製造（加工）を行う施設であって、原材料

のうち農業者自らの生産する農畜産物等の割合が量的又は金額的に5割以上を占めるものをいいます（ガイドライン第2　4（3）①）。

（2）主として、自己の生産する農畜産物等又は自己の生産する農畜産物等を原料若しくは材料として製造され若しくは加工されたものの販売の用に供する施設（農振地域則1三ロ）

　農畜産物を販売する施設であって、販売する農畜産物のうち農業者自らの生産する農畜産物等の割合が量的又は金額的に5割以上を占めるもの。農畜産物を原材料として製造（加工）したものを販売する施設であって、販売する加工品のうち農業者自らの生産する農畜産物等加工品の割合が量的又は金額的に5割以上を占めるものをいいます（ガイドライン第2　4（3）②）。

（3）主として、自己の生産する農畜産物等若しくは自己の生産する農畜産物等加工品又はこれらを材料として調理されたものの提供の用に供する施設（農振地域則1三ハ）

　農畜産物又は加工品を提供する施設であって、提供する農畜産物及び加工品のうち農業者自らの生産する農畜産物等及び農業者自らの生産する農畜産物等加工品の割合が量的又は金額的に5割以上を占めるもの。農畜産物又は加工品を材料として調理されたものを提供する施設であって、材料のうち農業者自らの生産する農畜産物等及び農業者自らの生産する農畜産物等加工品の割合が量的又は金額的に5割以上を占めるものをいいます（ガイドライン第2　4（3）③）。

（4）廃棄された農産物又は廃棄された農業生産資材の処理施設
　　　（農振地域則1四）

　農業生産活動により生じる家畜ふん尿、稲わら、もみがら等のバイオマスを利用して、たい肥化、発電等行う施設は、農業用施設に該当します（ガイドライン第2　4（4））。

（5） 農地又は施設等に付帯して設置される休憩所・駐車場・便所等（農振地域則１五）

　農業用施設等の管理又は利用のために必要不可欠な駐車場、便所、事務所等の用地については、当該農業用施設等に併設して設置される場合には、農業用施設に該当します（ガイドライン第２　４(5)）。

第3章 転　用　　　　　　　　　99

〔56〕 農地に広告用大型看板を設置する際に農地転用の手続は必要か

Q 国道沿いの所有農地に観光いちご園を運営しています。いちご園の宣伝のため、国道に面する当該農地の一部分に下記のような基礎部分を施した4メートル四方の広告用大型看板を設置することを考えています。農地転用の許可等は必要でしょうか。

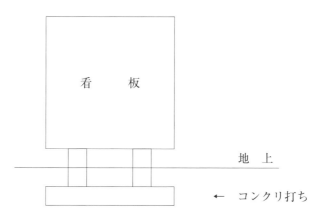

A 原則、農地転用の許可等が必要だと解せます。

解　説

　広告用大型看板の設置は、原則、農地以外の利用に当たるため、市街化区域以外では農地転用の許可、市街化区域では届出が必要だと解せます。

　ただし、通知にて「農地の転用に該当するか否かは、その看板及び

支持物の規模、構造、敷地の利用状況、耕作に及ぼす影響等を総合的に勘案して個別具体的に判断すべきである。したがって、看板及び支持物が極めて小規模で簡易な構造であり、農地の占有がその支持脚の部分に限られているような場合は農地の転用に該当しないものと解する。これに対して、看板の規模が比較的大きく、これに相応してその支持物が大規模かつ堅固な構造となるため農地の占有部分が支持脚の範囲にとどまらず相当の面積を必要とするような場合であるとか、看板及びその支持物が農地の大部分を占有し、その土地の主たる利用目的が看板の設置にあると認められるような場合等は、農地の転用に該当するものと解する（略）」（「広告用看板に係る農地法上の取扱いについて」昭61・3・6津市農業委員会長宛農林水産省構造改善局農政部農政課長通知）との判断も示されていることから、看板の構造やスケール等により農地転用に該当するか否かの判断がされるものと考えられます。

〔57〕 農地に小規模な自己用の倉庫を設置するときに農地転用の手続は必要か

Q 農業経営をしています。所有する農地に100㎡ほどの農業用倉庫兼作業場を設置することを計画しています。農地転用の手続は必要でしょうか。

A 農地転用の制限の例外として農地法の手続は不要であると解せます。

解 説

　自己所有の農地に自己の倉庫等を設置するときは、農地法4条の許可若しくは届出が必要となりますが、自らが使用する200㎡未満の農業用施設の場合は、農地転用の手続が不要とされています（農地則29一）。

　本ケースでは、100㎡ほどの農業用倉庫兼作業場とのことですので、農地転用の制限の例外として農地転用の手続は不要であると解せます。

　なお、他法令において、例えば、建築基準法による建築確認、生産緑地では市町村長の許可（90㎡以下は不要（生産緑地8⑨、生産緑地令6③イ））（生産緑地8①）、市街化調整区域では開発許可等が必要なケースがあります。

　また、許可や届出を要しない農地転用であっても、事前に規定の届出等を求めている市町村等があることから事前に農業委員会に相談することが肝要だと考えます。

〔58〕 農用地区域に農業後継者の住宅を建てることはできるか

Q 農業経営をしています。我が家の農業経営に従事する後継者の息子がおり、結婚を機に住宅を建てる計画があります。私が所有している土地は自宅以外には農業振興地域の農用地区域にある農地のみです。後継者住宅を目的とした農用地区域の農地転用は可能でしょうか。

A 転用できる場所が農用地区域に限られ、周辺農地への支障等がない場合は、農地転用は可能と考えられます。ただし、事前に農用地区域の除外手続が必要となります。

解 説

　農業振興地域の農用地区域は、長期にわたり農業上の利用を確保すべき区域であり、かつ農業公共投資を集中して行う区域であることから、原則、農地転用はできません（農振地域17、農地4⑥一イ・5②一イ）（〔37〕参照）。

　ただし、農用地区域にしか設置することが困難で、周辺農地の集団化等に支障を及ぼさない場合等に限り、例外的に農用地区域を除外し（農振地域13②各号、農振地域令9）、農地転用ができることとされています。

　本ケースは、農用地区域の農地しか自己所有しておらず、農業の後継者の住宅を建設することが農地転用の目的であることから、周辺農地の集団化等に支障を及ぼさないこと等が認められれば、農用地区域の除外が可能だと考えられます。

農用地区域の除外をした後に、農地転用の許可申請を農業委員会に行うことになります。

　したがって、農用地区域の除外申請の前から、農地転用の許可要件である一般基準を満たしているか等について、農業委員会等に相談しておくことが肝要です。

〔59〕 農地に植林をする際に農地転用の許可は必要か

Q 中山間地で傾斜のある農地を所有し耕作しているのですが、高齢により、植林をして保全しようと考えています。植林に当たり農地法の転用許可は必要でしょうか。

A 自ら所有する農地に植林を行う場合は、農地法4条の許可を得る必要があると解せます。

解説

農地法にいう「農地」とは、耕作の目的に供される土地をいい（農地2①）、「耕作」とは、土地につき肥培管理を行って作物を栽培することを意味します。継続して肥培管理がほどこされる果樹園、桑園、茶畑、苗畑等の植付け等は、農地の転用に当たらないと解せますが、肥培管理を廃する植林については、農地転用の許可が必要だと解せます。

本ケースの場合、保全のためとあることから肥培管理を廃するものと考えられ、農地法4条の許可を得る必要があると解せます。

第3章　転　用

（農作物栽培高度化施設）

〔60〕　農作物栽培高度化施設を設置するための手続は

Q　花き類を生産しています。新たな施設を市街化区域の農地に設置予定で、その施設は底面にコンクリートを張った農業用ハウスとしたいと考えています。そのハウスを、課税上、農地扱いとされる農作物栽培高度化施設としたいのですが、要件等について教えてください。

A　農地に農作物栽培高度化施設を設置しようとするときは、事前に農業委員会に、農地法43条1項の規定による届出を行い、受理書の交付を受ける必要があります。また、農作物栽培高度化施設には、法令上の要件があります。

解　説

1　農作物栽培高度化施設の要件

　農作物栽培高度化施設は以下の要件の全てを満たすことが必要です。

① 専ら農作物の栽培の用に供する施設であること（農地則88の3一）。
② 周辺の農地に係る日照に影響を及ぼすおそれがないものとして、次の基準に適合するものであること（農地則88の3二イ、平30・11・16農水告2551、平30・11・20　30経営1796第2）。
　㋐　棟高8メートル以内、軒高6メートル以内であること。
　㋑　階数が1階建てであること。
　㋒　透過性のない被覆材で覆う農業用施設であるときは、春分の日

及び秋分の日の午前8時から午後4時までの間に周辺農地に2時間以上の日影を生じさせないものであること。
③　施設から排水する場合は当該放流先の管理者の同意があること（農地則88の3二ロ）。
④　周辺農地に係る営農環境に著しい支障が生じないように必要な措置が講じられていること（農地則88の3二ロ）。
　例：土砂の流出による周辺農地への影響が想定される場合は、それを防止する擁壁の設置など。
　　また、周辺農地に著しい支障が生じた場合には適切な是正措置を講ずる旨の同意書を提出します（平30・11・20　30経営1796第2）。
⑤　農業用施設の設置に必要な行政庁の許認可等を受けていること又は受ける見込みであること（農地則88の3三）。
⑥　当該施設が農作物栽培高度化施設であることを明らかにするための標識の設置等が行われていること（農地則88の3四）。
⑦　借り受けている農地に農作物栽培高度化施設を設置しようとするときは、当該農地の所有権を有する者の同意があること（農地則88の3五）。

2　留意点

（1）　農業委員会に届出書を提出し、受理通知書が交付されるまでは設置行為に着手できません（平30・11・20　30経営1796第3）。

（2）　設置後は、農作物栽培高度化施設であることの標識等を掲示することが必要です。

（3）　設置後に、同施設で農作物の栽培が行われないとき等は無断転用等の扱いとなります。

〔61〕 過去に農地転用の許可を得て設置した農業用施設は、農作物栽培高度化施設として扱われないのか

Q 農地法に農作物栽培高度化施設が規定される以前に、農地転用の許可を得て、農作物栽培高度化施設の要件に沿う農業用ハウスを建てシイタケを栽培しています。このハウスをこれから農作物栽培高度化施設として認めてもらうことは可能でしょうか。

A 農作物栽培高度化施設を規定した農地法の一部改正が施行された平成30年11月16日より前に農地転用等を行い設置した農業用施設は、原則、農作物栽培高度化施設として扱われません。ただし、一定の要件を備えた施設で、必要な手続を経れば、農作物栽培高度化施設として扱われることになります。

解説

以下の①～④の全ての要件を備えており、農業委員会に届出をし、受理書の交付を受けることで、農作物栽培高度化施設として取り扱われることになります（平30・11・20経営1796第5・1）。
① 農業振興地域の農用地区域に設置されていること。
② 農地転用の許可書等により農地法等に基づき農地転用がされたことが確認できること。
③ 農業経営改善計画又は青年等就農計画において、当該施設で農作物の栽培を行わなくなった場合に施設を撤去し、農地の状態に回復する意向がある旨の記載があること。
④ 農作物栽培高度化施設の要件を満たしていること。

（他法令関係）

〔62〕 農業経営基盤強化促進法に基づく地域計画内の農地を転用できるか

Q 農業経営基盤強化促進法の地域計画に定められた農地を所有しており、そのうち県道に面した農地の一部を住宅用地として妹に譲り渡したいと考えています。第3種農地に当たるとは思うのですが、農地転用の許可を得ることは可能でしょうか。

A 地域計画内の農地転用は制限されていますが、市町村による地域計画の変更（除外）がなされ、農地転用許可要件を満たすことができれば、許可を得ることは可能であると考えます。

解説

農業経営基盤強化促進法による地域計画内の農地の転用許可には、原則、あらかじめ市町村による地域計画の変更（除外）手続が必要で、農地転用の申請は、地域計画の変更告示後に行うことになります。

なお、地域計画内における農地の農業上の効率的かつ総合的な利用の確保に支障を生ずるおそれがあると認められる場合は、農地の転用は制限されますので（農地4⑥五、農地令8の2、農地則47の3）、あらかじめ、変更が可能か等について市町村等に相談することが肝要です。

〔63〕 生産緑地は農地転用ができるのか

Q 生産緑地を所有していますが、その生産緑地に特別養護老人ホームを建設させてほしいとの話が持ち上がっています。設置は可能でしょうか。また、所有している他の生産緑地に自ら生産した農産物の直売所を設置したいとも考えているのですが、生産緑地に設置できる農業用施設等は生産緑地法に規定されているのでしょうか。

A 生産緑地（特定生産緑地を含みます。）は、市町村長への買取申出等による行為制限の解除がされない限り、原則、農地等以外への利用は制限されていますが、**特別養護老人ホームをはじめとした公共施設等や農産物直売所等の農業用施設は、自ら行為制限を解除せずとも設置が可能であると考えられます。**

解 説

　生産緑地は、①主たる従事者の故障や死亡、若しくは、②指定告示より30年を経過（特定生産緑地は10年）等の事由により、市町村長に買取申出をして買い取られずに行為制限が解除されない限り、原則、農地等以外への利用はできないことになっています（生産緑地8①・10・10の5）。

　ただし、土地収用法3条等に規定する公共施設等（生産緑地令1）や農業用施設等（生産緑地8②、生産緑地令5）については、行為制限を解除せずとも設置ができると規定されており（生産緑地8①）、特別養護老人ホーム及び自ら生産した農産物の直売所は設置可能と解せます。

また、農産物直売所については、①当該生産緑地地区の区域内の土地から施設の敷地を除いた面積が原則500㎡以上あること、②施設の敷地の面積の合計が当該生産緑地地区の面積の10分の2以下であること、③当該生産緑地地区の主たる従事者が設置及び管理する施設であること、④自ら生産、また市町村の区域内等で生産された農産物が主であること等の要件を全て満たす必要があります（生産緑地8②ニロ、生産緑地則2）。

なお、相続税納税猶予制度の適用を受けている生産緑地においては、農産物直売所は猶予の期限の確定（適用の打切り）の対象とされていることから、設置には注意が必要です（〔64〕参照）。

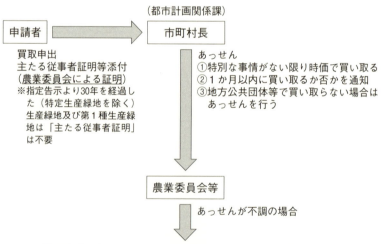

〔64〕 相続税納税猶予制度適用農地は農地転用すると期限の確定(打切り)となるのか

Q 相続税納税猶予制度適用農地(特例農地)を所有しているのですが、隣接する国道の拡張工事(公共事業)の資材置場として、その農地を一時的に使用したいとの依頼がありました。この一時転用によって特例農地は猶予期限の確定(打切り)となるのでしょうか。

また、特例農地に農業用施設を設置したいとも考えているのですが、確定とならない農業用施設等は法令に規定されているのでしょうか。

確定となる行為などの全体の概要を含め、教えてください。

A 公共事業等による特例農地の一時転用は猶予期限の確定になりません。また、期限の確定とならない特例農地の農業用施設等への転用は法令に規定されています。

解説

相続税納税猶予制度の適用を受けた農地は、制度適用の継続が不可となる(期限の確定となる)事由があります。この確定事由に当てはまると、制度適用者は、原則、2か月以内に、所轄の税務署に本税に利子税を付して納付しなくてはなりません(〔79〕参照)。

主な確定事由の概要は下記のとおりです(租特70の6)。

① 特例農地での農業を廃止した場合
② 特例農地を譲渡した場合
　譲渡するときは農地法3条の許可等が必要となるため、その時点

で期限の確定に該当します（買換えの特例に該当する場合は除きます（〔87〕参照）。）。

③ 特例農地を貸し付けた場合

　農地法3条による貸借のみならず無断で貸し付けた場合も含みます。ただし、特定貸付け・認定都市農地貸付け・農園用地貸付け・営農困難時貸付け等による貸借は除きます。

④ 継続届出書を提出しなかった場合

　3年ごとの継続届出には、農業委員会が交付する「引き続き農業経営を行っている旨の証明書」の添付が必要です。

⑤ 特例農地を不耕作等とした場合

　農業委員会が実施する農地利用意向調査の結果等により期限が確定します（〔89〕参照）。区画整理事業等は除きます。

⑥ 特例農地を転用した場合

　以下の例外を除き、原則、転用行為は、期限の確定に該当します。農地の転用には農地法の許可等が必要であり、その時点で期限が確定し、無断転用も確定事由に該当します。

　期限の確定とならない特例農地の農業用施設等への転用として、租税特別措置法施行令において、農業相続人（農園用地貸付けを行っている場合は、㋐地方公共団体、㋑農業協同組合、㋒それ以外の者）の耕作又は養畜の事業に係る事務所、作業所、倉庫その他の施設若しくは当該事業に従事する使用人の宿舎又は市民農園施設（〔96〕参照）が規定されています。

　また、公共事業等による特例農地の一時転用も猶予期限の確定になりません（租特70の6㉒）。

⑦ 都市営農農地等で生産緑地の買取申出があった場合

　平成3年1月1日時点で三大都市圏の特定市の市街化区域にある農地は、生産緑地（指定から30年経過したときは、特定生産緑地）

でのみ相続税納税猶予制度の適用を受けることができます（適用要件であり継続要件）。
⑧　準農地について農業の用に供していない場合
　準農地について、申告期限後10年を経過する日までに農業の用に供していないとき。
⑨　担保の変更
　担保価値が減少したこと等により、増担保又は担保の変更を求められたときに、その求めに応じなかった場合。

（太陽光発電設備）

〔65〕 営農型太陽光発電設備を設置するための手続は

Q 所有する農業振興地域の農用地区域や第1種農地に耕作の継続が可能な売電を目的とした営農型太陽光発電設備を設置したいのですが、どのような農地転用の手続が必要となるのでしょうか。

A 農地法4条又は5条の一時転用許可を得て、設置する手続となります。

解説

1 営農型太陽光発電設備の一時転用許可基準

営農型太陽光発電設備の設置においては、支柱部分等の農地を一時転用する農地法4条及び5条の許可等を得ることになりますが、要件として、下記①～⑪の全ての基準を満たすことが必要となります（農地則47①六・57①六、令6・3・25　5農振2825）。

① 申請に係る転用期間が通知に規定されている区分に応じた期間内（3年又は10年）であり（令6・3・25　5農振2825）、下部の農地における営農の適切な継続を前提として営農型太陽光発電設備の支柱を立てるものであること。

② 営農型太陽光発電に係る事業終了後に当該支柱部分に係る土地が耕作の目的に供されることが確実であり、かつ申請に係る面積が必要最小限で適正と認められること。

③ 下部の農地における営農の適切な継続が確実と認められること。

④　農地転用許可権者への毎年の報告が適切に行われ、営農状況が適確であると認められること。
⑤　営農型太陽光発電設備の角度、間隔等からみて農作物の生育に適した日照量を保つことができると認められること。
⑥　営農型太陽光発電設備の支柱の高さ（原則、2メートル以上）、間隔等からみて農業機械等を効率的に利用できる空間が確保されていると認められること。
⑦　位置等からみて、営農型発電設備の周辺の農地の効率的な利用、農業用用排水施設の機能等に支障を及ぼすおそれがないと認められること。
⑧　農業経営基盤強化促進法の地域計画の区域内において営農型太陽光発電を行う場合は、地域計画に係る協議の場において、農地の利用の集積等に支障を生ずるおそれがないとして、合意を得た区域内において行うものであること。
⑨　支柱を含め営農型発電設備を撤去するのに、必要な資力及び信用があると認められること。
⑩　事業計画において、発電設備を電気事業者の電力系統に連系することとされている場合には、電気事業者と転用事業者が連系に係る契約を締結する見込みがあること。
⑪　申請者が農地法51条の規定による原状回復等の措置を現に命じられていないこと。

2　営農型太陽光発電設備の一時転用許可に伴う条件

一時転用許可には、主に下記の条件が付されることとなります（令6・3・25　5農振2825）。
①　下部の農地における営農の適切な継続が確保され、支柱もこれを前提に利用等されること。

② 下部の農地において栽培する農作物に係る栽培実績及び収支の状況を毎年報告等すること。
③ 下部の農地において営農の適切な継続が確保されなくなった場合等には、必要な改善措置を迅速に講ずること。
④ 下部の農地において営農の適切な継続が確保されなくなった場合等には、遅滞なく、報告すること。
⑤ 下部の農地における営農が行われない場合等には、支柱を含む当該設備を速やかに撤去し、農地として利用することができる状態に回復すること。

3 農地転用許可権者への報告

　一時転用の許可を受けた後の下部の農地で生産された農作物の状況等の報告については、毎年翌年2月末日までに許可権者（都道府県知事等）に提出することが義務付けられます。その際に、営農が行われていない、営農型発電設備による発電事業が廃止されるにもかかわらず必要な改善措置が講じられない場合には、営農型発電設備を撤去するよう指導されることになります。
　また、一時転用期間が満了したときには、再度農地法の一時転用の許可申請等が必要となります。
　なお、相続税等納税猶予制度の適用を受けている農地については、売電を目的とした営農型太陽光発電設備の一次転用（部分）は、期限の確定事由（適用の打切り）に該当することから注意が必要です（〔64〕〔79〕参照）。

〔66〕 市街化区域に太陽光発電設備を設置できるか

 所有する市街化区域の農地を転用し太陽光発電設備を設置することを構想しているのですが、可能でしょうか。

 生産緑地以外の市街化区域の農地での太陽光発電設備の設置は可能です。

解　説

　生産緑地以外の市街化区域の農地に太陽光発電設備を設置するときは、農地法4条若しくは5条転用の届出が必要となります（〔38〕参照）。また、営農型太陽光発電設備を設置するときは法令等に基づく手続が必要となります（〔65〕参照）。

　ただし、生産緑地においては、当該生産緑地の農業用施設等の電力をまかなうもの以外の利用、例えば売電を伴う等の太陽光発電設備（営農型を含みます。）の設置はできないと解せます（〔63〕参照）。

　さらに、相続税等納税猶予制度の適用を受けている農地については、太陽光発電設備を目的とした転用（当該農地の農業用施設等の電力をまかなうことのみを目的としたもの等を除きます。）は、原則、期限の確定（適用の打切り）に該当することから注意が必要です（〔64〕参照）。

第 4 章

相続・遺贈・税制等

（相続・遺贈）

〔67〕 遺言書を残す手段は

Q 農業経営を引き継いでいくことに備え、遺言書を作成したいと考えています。遺言書には、自筆証書遺言、公正証書遺言、秘密証書遺言等があるとのことですが、その違いや概略について教えてください。

A それぞれ作成方法、相続発生後の手続が異なりますが、遺言の内容の効力は同じです。①自筆証書遺言は、全文、日付、氏名を自書し印を押します（目録は自書でなくとも可能です。）。②公正証書遺言は証人二人以上が立ち会い、遺言者が遺言の趣旨を公証人に口授し、公証人が遺言の公正証書を作成します。③秘密証書遺言は遺言者が遺言書に署名し印を押し、かつ、遺言書を封じ、遺言書に用いた印章をもって封印し、公証人等に提出する等の手続があります。公正証書以外の遺言書は、相続発生後に家庭裁判所での遺言書の検認手続が必要です。

解説

1 自筆証書遺言

自筆証書遺言は、遺言者がその全文、日付及び氏名を自書し、これに印を押さなければなりません（民968①）。封入封かんについての定めはありません。この自筆証書に、これと一体をなすものとして相続財産目録を添付する場合には、その目録は自書する必要はありません（民968②前段）。パソコンなどを利用したり、預金通帳のコピーなどを

添付したりすることも可能です。その場合には、遺言者は、その目録の毎葉に署名し印を押さなければなりません（民968②後段）。

　自筆証書遺言は、相続発生後に遺言書の検認が必要です。遺言書の保管者は相続の開始を知った後、遅滞なく、遺言書を家庭裁判所に提出して検認を請求しなければなりません（民1004①）。

　なお、令和2年7月10日より自筆証書遺言書の保管制度が始まりました。作成した自筆証書遺言書を法務局が預かり保管するものです。この制度を利用した場合には、遺言書の検認手続は不要です。

2　公正証書遺言

　公正証書遺言は、公正証書によって遺言をするものです（民969）。証人二人以上の立会いの下、遺言者が遺言の趣旨を公証人に口授し、公証人が遺言公正証書を作成します。この場合には、遺言書の検認手続は不要です（民1004②）。

3　秘密証書遺言

　秘密証書遺言は遺言者が証書に署名し印を押し、かつ、証書を封じ、遺言書に用いた印章をもって封印し、遺言者が公証人一人及び証人二人以上の前に封書を提出して、自己の遺言書である旨並びにその筆者の氏名及び住所を申述することが必要です（民970①一～三）。そして、さらに公証人が、その証書を提出した日付及び遺言者の申述を封紙に記載した後、遺言者及び証人とともにこれに署名し、印を押すことが必要です（民970①四）。

　また、秘密証書遺言も相続発生後に遺言書の検認が必要です。遺言書の保管者は相続の開始を知った後、遅滞なく、遺言書を家庭裁判所に提出して検認を請求しなければなりません（民1004①）。秘密証書遺

言には特に厳格な手続があり、これを欠いた場合は遺言書としての要件を満たさず無効となりますので、あまり利用されていません。

4 注意点

　上記のいずれの遺言の方式を利用しようとも、遺言の内容についての効力は同じです。

　しかし、農業者が遺言書を作成する場合には、以下の点に注意が必要です。

　包括遺贈及び相続人に対する特定遺贈の場合には、農地の相続について農地法3条の許可は不要です(農業委員会への届出は必要です。)。しかし、相続人以外に対する特定遺贈の場合には農地法3条許可が必要となります。

　包括遺贈とは、「全部」、「2分の1」など相続財産の内容を割合で示したもので、特定遺贈は「○○銀行の○○の預金」「○○市○○町○○番地の土地」など相続財産を特定して示したものです。

　農家の相続の場合には、相続人間の紛争が予想されない場合でも、農地の承継（法務局、農業委員会関連の手続を含みます。）、相続税納税猶予の適用等を迅速に行うために遺言書を作成するケースがあります。その際に、形式的な不備などにより遺言の効力が失われたり、意図したものと異なる手続になったりすることのないよう、十分に確認し方式の選択を含め、慎重に遺言書を作成する必要があるでしょう。

〔68〕 法定相続人の一人が行方不明や判断能力が認められないときは

Q 農地を所有する父親が亡くなりました。既に母親も数年前に他界しており、法定相続人の兄弟3人が農地を相続することになるのですが、兄は認知症により判断能力が全く認められない状態で、弟は、現在音信不通の状態で連絡がかなわず居場所も分かりません。どのように相続手続を進めていけばよいでしょうか。

A 兄については成年後見人等の選任、弟については不在者財産管理人の選任、又は失踪宣告の手続をとることが考えられます。

解説

1 相続に必要な手続

亡くなった者（被相続人）が遺言を残していない場合には、相続人全員で遺産分割（民906以下）をしなければなりません。遺産分割は協議（話合い）から始めますが、相続人に判断能力が全く認められない場合には、そのままでは進めることができません（仮に、遺産分割協議書に署名等をしても、無効となります（民3の2）。）。

また、相続人全員で協議しなければならないため、音信不通の相続人の参加がない状態で進めることはできません。

そこで、それぞれ以下の手続が必要となります。

2 成年後見人等の選任

相続人の判断能力が低下している場合には、その程度によって、成

年後見人（民7）、保佐人（民11）、補助人（民15）の関与の下に遺産分割手続を進めていきます。本ケースのように、判断能力が全く認められない程度に至っている場合には、家庭裁判所に成年後見人の選任を求める必要があります（民7・8）。成年後見人の選任後、成年後見人が本人に代わって遺産分割手続を行います。

3　不在者財産管理人の選任

音信不通の相続人がいる場合に、その相続人が生存している可能性が高いとき、又は、死亡している可能性が高いがその生死が明らかでない期間が7年未満であるときは、家庭裁判所に不在者財産管理人の選任を求めることが考えられます（民25）。不在者財産管理人の選任後、不在者財産管理人が本人に代わって遺産分割手続を行います。

4　失踪宣告

音信不通の相続人がいる場合に、その相続人の生死が7年以上明らかでないとき、又は、災害などの危難に遭遇して生死が1年以上明らかでないときは、家庭裁判所に対して失踪宣告を求めることが考えられます（民30）。失踪宣告がなされた場合には、本人は死亡したものとみなされ、それぞれ7年間が満了した時、又は、危難が去った時に死亡したものとみなされます（民31）。その場合には、死亡したとみなされた相続人に相続人がいれば、その者と遺産分割手続を行います。

〔69〕 死亡した農地所有者に相続人がいない場合は

Q 近隣に住む農地所有者が最近亡くなりました。その者には相続人が全くおらず、その農地を近隣農家が買いたいと言っています。どのような手続がとれますか。

A 相続財産清算人の選任申立て又は所有者不明土地管理命令の申立てが考えられます。近隣農家と亡くなった農地所有者が生前関わり（債権債務関係）がない場合や、当該土地のみを買いたい場合等には、所有者不明土地管理命令の利用が望ましいと考えられます。

解　説

1　相続人がいない場合の相続財産の行方

　人が亡くなると、その瞬間から亡くなった人の財産は相続人に相続されます（民882・896）。しかし、親族構成上、相続人がいない（明らかでない）場合、相続人がいてもその全員が相続放棄をしたため法律上相続人がいなくなった場合には、相続財産はその帰属者がいないまま財団として存続します（民951）。相続財産の中に農地などの不動産が存在する場合、その不動産も帰属者がいない状態です。そこで、その不動産を購入したい場合には、その農地を売却する権限がある人を選任する必要があります。その方法として考えられるのが、相続財産清算人の選任申立てと所有者不明土地管理命令の申立てです。

2　相続財産清算人とは

　相続財産清算人は、相続人のいない相続財産について、支払うべき債務の支払等を行います。その手続の中で不動産などの換価できる財

産は換価することになります（民952）。この手続において、近隣住民などが相続財産に含まれる不動産などを買い取ることが考えられます。

ただし、相続財産清算人は、自動的に選任されるものではなく、誰かがその選任を申し立てなければなりません。申立てをする権利がある者は、利害関係人と検察官に限られています（民952①）。債権債務関係のない、単に相続財産に含まれる不動産を購入したいだけという立場の者が利害関係人と認められる可能性は低いと考えます。

3　所有者不明土地管理命令とは

相続人がいない場合を含め、所有者を知ることができない土地については、所有者不明土地管理人の選任を申し立てることができます（民264の2）。上記の相続財産清算人は相続財産全体について清算していくのに対し、所有者不明土地管管理人は、特定の土地についてのみ管理権限を有します。所有者不明土地管理人の権限は原則として管理に留まりますが、裁判所の許可を得て売却をすることが可能です。

そこで、相続人がいない土地を買い取りたい場合には、この所有者不明土地管理人による管理をするように裁判所に請求することができます。この申立てをする権利も利害関係人に限られますが、相続財産清算人の選任申立てよりは利害関係人の範囲が広く解され、具体的な事情によりますが、債権債務関係はないがその農地が荒れており害虫等の発生のおそれがあるために、購入したいといった近隣の農業者も認められる可能性があります。

〔70〕 成年後見の審判を受けている法定相続人に農地を相続させることは可能か

Q 農業経営をしていた父親が亡くなり、農地を相続するのですが、成年後見人が選任されている法定相続人の兄がいます。その兄に農地を相続させることは可能でしょうか。

A 成年後見審判を受けている法定相続人に農地を相続させることは可能です。ただし、その後の耕作が難しいことが考えられますので、もし相続させるならば、兄の世帯員等の協力や貸借などその農地を適切に利用・耕作していく方法を確保する必要があるでしょう。

解 説

　成年後見の審判を受けた者（成年被後見人）も、相続により財産を取得することは可能です。農地を相続することも可能ですが、農地の場合には、農地として適切に利用していくことが求められます（農地2の2）。

　成年被後見人自身が耕作することは難しいと推測しますので、兄の世帯員等の協力や貸借などを含めて、相続後に農地を耕作する人を確保する必要があるでしょう。

　なお、相続に当たって遺産分割の手続は、成年後見人が行います。もし、他の相続人が成年後見人として選任されている場合には、利益相反が生じる立場にありますので、家庭裁判所に特別代理人の選任を申し立てる必要があります（後見監督人が選任されている場合を除きます。）（民860・826①）。

〔71〕 農地の相続に当たり農業経営に寄与していたことは考慮されるか

Q 農業経営をしていた父親の死亡による相続が発生しました。私は農業後継者として農業経営に貢献してきました。兄弟（法定相続人）が多く、これから遺産分割協議をするのですが、農地の相続に当たり、その寄与分は考慮されるのでしょうか。

A 農業経営への貢献を主張することにより寄与分が認められる可能性はあります。

解説

寄与分とは、相続人間の実質的な公平を図るために、法定相続分に修正を加え、寄与分として認められた金額を相続財産から優先的に取得できる制度です（民904の2参照）。遺産分割において寄与分を主張する必要があります。

寄与分が認められる類型の一つとして、「家業従事型」と呼ばれる被相続人の事業に関して相続人が労務を提供していた場合があります。

この場合には、①被相続人との身分関係に基づいて通常期待される程度を超える特別の寄与があること、②①により被相続人の財産を維持又は増加させたことが認められれば寄与分が認められる可能性があります。

上記①の要件が認められるためには、相続人が労務の提供の対価を受け取っていない、又は、受け取っていたとしてもその対価が被相続人に第三者が雇用等された場合に支払われる給与等に比べて到底十分

でないこと、労務の提供が一定の期間に及ぶ継続的なものであること、労務への従事が片手間で手伝っていた等でないことが必要です（東京弁護士会親和全期会編『ケース別　特別受益、寄与分・特別寄与料、遺留分認定のポイントと算定方法』102頁（新日本法規出版、2023））。

　なお、本ケースは「農地」の相続を重視しているようですが、相続に当たり、農地とそれ以外の相続財産がある場合に、寄与分を加味してもなお当該相続人の取得する相続財産額が農業経営に必要な農地面積の評価額を下回るときには、農地の細分化を防止するために、農地の評価額との差額を金銭で精算することが考えられます。

〔72〕 養子や孫に農地を相続させることは可能か

Q 農業経営をしているのですが、後継者として孫が農業に携わっています。私が死亡したときに、孫に農地を相続させることは可能でしょうか。

A 子が健在であれば孫は相続人ではありませんので、孫に農地を承継させたい場合には、遺言書を作成する必要があります。子が亡くなっている場合には、子の子である孫は代襲相続人になりますので農地を相続させることができます。子が健在でも、孫と養子縁組すれば孫も子として扱われますので相続させることができます。

解 説

子は相続人ですが、子の子である孫は、子が健在であれば相続人ではありません（民887①）ので、被相続人が亡くなった場合に、遺言書により遺贈しなければ孫に農地を承継させることはできません。

もし、相続人の子（孫の親）が既に亡くなっている場合には、孫は、代襲相続人となります（民887②）ので、農地を相続させることは可能です。

子が健在でも、孫と養子縁組をすれば孫も子として扱われますので、相続させることができます。

もっとも、代襲相続や養子縁組により孫が子として相続人になった場合でも、他にも相続人がいる場合には、農地を誰が相続するかは相続発生後の遺産分割によって決まります（民887・890・906以下参照）。確実に孫に相続させたい場合には、遺言書を作成し、孫に農地を相続させる旨を記すことが有効な対策となり得るでしょう（民1014②参照）。

〔73〕 賃借権は相続できるか

Q 亡くなった父親が農地を50年以上賃借していましたが、その賃借権を相続することはできますか。また相続に当たり留意点はありますか。

A 賃借権は、相続することができます。また、相続税の申告対象の財産であることから、相続対策を検討しておくことが肝要です。

解説

賃借権は、被相続人の一身に専属したものではなく、相続の対象となります（民896）。

このため、賃借権は相続税の申告対象の財産であり、相続税評価額が高額になることもあります。生前から、賃貸借の解消や後継者への承継などの相続税対策を検討しておくことが肝要です。

賃借権に係る相続税については、要件を満たせば、相続税納税猶予制度の適用を受けることが可能です。

なお、農地の賃借権を相続した場合には、農業委員会に農地法に基づく届出を行うことが必要です（農地3の3）。

〔74〕 贈与契約の当事者が死亡した場合、その相続人に履行を請求できるか

Q 農地の贈与をする契約をした農業者Ａが亡くなりましたが、農地法３条の許可を得ておらず贈与はしていません。Ａの相続人に履行を求めることは可能でしょうか。

A Ａの相続人に履行を求めることは可能です。贈与の効力発生には農地法３条許可を得ることが必要ですので、その許可申請への協力も求めましょう。

解説

　贈与契約の効力が生じた場合には、受贈者は農地の引渡し、所有権の移転登記を求めることになります。

　相続人は、相続の発生（被相続人の死亡）により、一身専属的な権利義務を除き、被相続人の債権債務の一切を承継しますので、相続人に対し、これらを求めることになります。

　もっとも、贈与契約は、通常は当事者が無償で財産を与える旨の意思表示とその受諾の意思表示で効力が発生しますが（民549）、贈与を含む農地の所有権移転についての契約の場合、当事者の合意だけでは効力は発生せず、農地法３条許可がなされたときに発生するのが原則です（農地３①⑥）。

　贈与契約は成立したが農地法３条許可を得ていない状態の場合には、贈与者はその許可の申請に協力する義務を負い（最判昭50・４・11民集29・４・417参照）、贈与者が亡くなった場合には、相続人はその義務を承継します。

したがって、贈与者の相続人が任意に義務を履行しない（農地法3条許可の申請手続に協力しない）場合には、受贈者は、許可申請協力請求権を行使すべく訴訟を提起することが考えられます。

　ただし、この許可申請協力請求権には消滅時効の定めが適用されます。受贈者がこの権利を行使することができると知った時から5年間、権利を行使することができる時から10年間行使しないときには、時効により消滅しますので注意が必要です（民166①）。

〔75〕 特定遺贈や包括遺贈で農地を取得する場合に農地法3条の許可は必要か

Q 父親が亡くなり、法定相続人ではない父親の弟に指定された農地を耕作目的で譲るとの遺言が残されていました。いわゆる特定遺贈ですが、農地の所有権移転に当たり農地法3条の許可は必要でしょうか。また、包括遺贈や法定相続人に対する特定遺贈の場合はどうでしょうか。

A 法定相続人以外に特定遺贈で農地を継承させる場合は原則、農地法3条の許可が必要となります。包括遺贈や法定相続人に対する特定遺贈の場合は農地法3条の許可は不要です。

解　説

1　特定遺贈

（1）　法定相続人以外への特定遺贈

本ケースのように法定相続人でない者に農地の特定遺贈を行う場合は、農地法施行規則15条5号に規定する「相続人に対する特定遺贈」には当たらないことから、農地の遺贈に当たっては原則、農地法3条の許可が必要となります。

したがって、農地法3条の許可が得られなければ、遺贈を受ける（所有権移転する）ことができないと解せます。

（2）　法定相続人への特定遺贈

法定相続人に農地の特定遺贈を行う場合は、農地法施行規則15条5号に規定する「相続人に対する特定遺贈」に当たることから農地法3条の許可は不要です。

2　包括遺贈

　遺言書等により法定相続人等に財産を特定せずに与える、いわゆる包括遺贈においては、農地法施行規則15条5号により、農地法3条の許可が不要とされています。

〔76〕 農地を相続した際の農業委員会での手続は

　農地を相続したのですが、農業委員会での手続は必要でしょうか。

　相続にて農地の所有権を取得したときは、農業委員会にその旨を届け出る必要があります。

解　説

　農地法の許可を要さずに農地の権利（所有権・賃借権等）を取得した者は、遅滞なく（おおむね10か月以内に）農地の存する市町村の農業委員会に農地法3条の3の届出をすることが必要であることが規定されています（農地3の3、処理基準別紙1第5（2））。

〔77〕 相続土地国庫帰属制度により農地を処分することはできるか

Q 農地を相続したのですが、自分は遠方に住んでおり、この農地を耕作することはありません。また、買い手や借り手もいないため、この農地を相続土地国庫帰属制度により処分することを検討していますが、可能でしょうか。可能な場合、どのような手続となり、どの程度の経費が必要となるのでしょうか。

A 相続土地国庫帰属制度により農地を処分することは可能です。費用については審査手数料のほか、土地の性質に応じた標準的な管理費用を考慮して算出した負担金の納付が必要となります。

解説

1 土地を国に引き渡せる人の条件

相続した土地を国に引き渡すために申請ができるのは、相続や遺贈で土地を取得した相続人です。本制度の開始前（令和5年4月27日より前）に相続した土地でも申請ができます。

また、兄弟など複数の人たちで相続した共同所有の土地でも申請ができます。ただし、その場合は所有者全員で申請する必要があります。

なお、生前贈与を受けた相続人、売買などによって自ら土地を取得した人、法人などは相続や遺贈で土地を取得した相続人ではないため申請ができません（政府広報オンライン「相続した土地を手放したいときの「相続土地国庫帰属制度」」(https://www.gov-online.go.jp/useful/article/202303/2.html（2024. 10. 9)))。

2　引き渡せる土地の条件

　相続した土地であっても全ての土地を国に引き渡すことができるわけではありません。引き渡すためには、法令で定める引き取れない土地の要件に当てはまらない土地である必要があります（相続国庫帰属2③・5）。

　（1）　申請の段階で却下となる土地
① 建物がある土地
② 担保権や使用収益権が設定されている土地
③ 他人の利用が予定されている土地
④ 特定の有害物質によって土壌汚染されている土地
⑤ 境界の明らかでない土地・所有権の存否や範囲について争いのある土地

　（2）　該当すると判断された場合に不承認となる土地
① 一定の勾配・高さの崖があり、管理に過分な経費、費用がかかる土地
② 土地の管理・処分を阻害する有体物が地上にある土地
③ 土地の管理・処分のために、除去しなければならない有体物が地下にある土地
④ 隣接する土地の所有者等との争訟によらなければ管理・処分ができない土地
⑤ その他、通常の管理・処分に当たって過分な費用・労力のかかる土地

3　農地を処分した場合の経費

　申請する際には、一筆当たり14,000円の審査手数料の納付が必要です。さらに法務局による審査を経て承認されると、土地の性質に応じた標準的な管理費用を考慮して算出された10年分の土地管理費相当額

負担金を納付します。負担金は一筆ごとに20万円が基本となりますが、一部の市街地の宅地、農用地区域内の農地、森林などについては、面積に応じて負担金を算出するものがあり、具体例として田、畑については面積にかかわらず20万円となっていますが、農用地区域内の田、畑については面積に応じて算定されることになります（相続国庫帰属10）。

〔78〕 農地法の許可を得て購入した農地の登記を行っていない場合に売主の相続人に対抗できるか

 30年ほど前に農地法3条の許可を得て農地を購入したのですが、支払は済ませたものの、所有権移転登記をしていませんでした。

最近、登記簿上の所有者が亡くなり、その相続人が所有権を主張しています。私は所有権を主張できないのでしょうか。

A 相続人との関係では登記がなくとも所有権を主張できます。

解説

1 農地所有権の対抗要件

農地の売買契約は当事者間の合意だけでは完成せず、農地法3条に基づく農業委員会の許可を得てはじめて成立します（農地3①）。ただし、農地も不動産の一つであることから所有権の第三者対抗要件は登記（民177）です。したがって、二重譲渡などのように第三者と対抗関係にある場合には、農地法3条の許可ではなく、登記の先後によって所有権者が決せられることになります。

2 第三者とは

民法177条に定める「第三者」とは、当事者及びその包括承継人以外の者をいいます。

相続は、一身専属的権利義務を除く全ての権利義務を承継する包括承継です。相続人は包括承継人であり、「第三者」に該当しません。つ

まり相続人は、被相続人（元の所有者）の権利義務をそのまま承継しており、農地を買った者に対して所有権を移転した立場を承継しています。したがって、相続人と買主の関係では、登記の有無は所有権取得に影響しません。

3　相談者の対応

　以上のとおり、相談者としては、相続人から所有権を主張された場合には所有権移転登記を経なくとも自己の所有権を主張できます。

第4章　相続・遺贈・税制等

（相続税等税制）

〔79〕 相続税納税猶予制度の適用を受けるには

Q 農業経営をしていた父親が亡くなり、自分が農地を相続して農業経営を引き継ぎます。農地が都市的地域にあることから、相続する農地について相続税納税猶予制度の適用を受けたいと考えています。適用を受けるための要件等について教えてください。

A 相続税納税猶予制度とは、農地の相続人が農業経営を継続等する場合に、一定の要件の下で農地等の相続税額が猶予される制度です。

　農地の相続人が相続税納税猶予制度の適用を受けるためには、①農地、②被相続人、③相続人それぞれの要件を満たす必要があります。また、適用期限は、農地の種別等により、㋐終生と㋑20年の適用があります。

解　説

1　相続税納税猶予制度

　相続税納税猶予制度とは、農地の相続人が農業経営を継続する場合に、相続した農地の価額を農業投資価格（国税庁ホームページ（財産評価基準書　路線価図・評価倍率表（https://www.rosenka.nta.go.jp/（2024.10.9）））に掲載）とみなし、農業投資価格を超えた部分の相続税額を猶予するという制度で、農地の相続人等が一定の要件を満たすことで、本制度の適用を受けることができます（租特70の6）。

猶予税額の納税が免除となる期限までは、農業を継続すること等が要件となっており（制度が継続する貸付け等を除きます。）、仮に期限前に、制度適用農地（以下「特例農地」といいます。）を売却したり転用（〔64〕参照）した場合、また、農業経営を廃止したり不耕作（〔85〕参照）等にした場合は、猶予の期限が確定し（以下「期限の確定」といいます。）、2か月以内に猶予税額に利子税を付して納付しなくてはなりません。

　期限の確定となったときは、当該特例農地の面積が、制度の適用を受けている総面積の20％以下の場合はその特例農地の部分の相続税額を納税することになり（一部確定）、20％を超えた場合は適用を受けている全ての特例農地の納税猶予制度適用の継続が不可となり総面積の相続税額の全額を納税することになります（全部確定）。

　また、特例農地の貸借には一定の要件があります（〔25〕参照）。

2　相続税納税猶予制度の適用要件

　相続税納税猶予制度の適用を受けるための農地・被相続人・相続人の要件の概要は、下記の①〜③となります（租特70の6・70の6の2・70の6の3、租特令40の7・40の7の2）。

① 農地の要件（いずれかに該当）

　㋐　（申告期限までに遺産分割がされている）農地法上の農地（耕作放棄地等は対象外）であり、平成3年1月1日時点で三大都市圏の特定市の市街化区域内にあっては生産緑地（申出基準日を過ぎた生産緑地では特定生産緑地）の指定を受けている農地（以下「都市営農農地等」といいます。）

　㋑　被相続人（若しくは世帯員等）が耕作していた㋐に該当する農地であること（ただし、営農困難時貸付けほか農地中間管理事業法・都市農地貸借円滑化法等により貸借している及び特定農地貸

付法等により市民農園としている生産緑地は被相続人が耕作をしていなくとも適用可。)
　㋒　生前一括贈与を受けて贈与税納税猶予制度の適用を受けている農地等であること
　㋓　相続開始の年に被相続人から生前一括贈与を受けた農地等であること
② 被相続人の要件（いずれかに該当）
　㋐　死亡の日まで対象農地（上記①㋑の貸付け等を行っている農地は除きます。）で農業を営んでいた者であること
　㋑　農地等の生前一括贈与をした者等であること
③ 相続人の要件（いずれかに該当）
　㋐　相続税の申告期限（相続開始があったことを知った日の翌日から10か月以内）までに、相続した農地等（上記①㋑の貸付け等を行っている農地は除きます。）において農業経営を開始し、その後も引き続き農業経営を行うと認められる者であること（相続税の納税猶予に関する適格者証明書（農業委員会）の交付を受けることが必要です。）
　㋑　相続税の申告期限までに特定貸付け等（制度の適用が可能な貸付け）を行った者
　㋒　農地等の生前一括贈与により贈与税納税猶予制度の適用を受けている受贈者で疾病等により農地等を貸し付けている者
　㋓　農地等の生前一括贈与により贈与税納税猶予制度の適用を受けた受贈者で、農業者年金の特例付加年金又は経営移譲年金の支給を受けるためその推定相続人の一人に対し農地等について使用貸借による権利を設定して、農業経営を移譲し、税務署長に届出をした者（贈与者の死亡の日後も引き続いてその推定相続人が農業経営を行うものに限ります。）

3 相続税納税猶予制度の適用期限（図参照）

相続税納税猶予制度の「終生適用」と「20年免除」の農地の種別等は下記のとおりです（租特70の6⑥）。

（1） 終生適用の場合

① 平成21年12月15日以降の相続により相続税納税猶予制度の適用を受けた市街化区域以外の農地等

② 相続税納税猶予制度の適用を受けた都市営農農地等

③ 平成30年9月1日以降の相続により相続税納税猶予制度の適用を受けた生産緑地（②に該当する生産緑地は既終生適用）

（2） 20年免除の場合

① 平成3年1月1日現在において三大都市圏の特定市の市街化区域以外の市街化区域で(1)③を除く農地等（生産緑地を含みます。）

② 平成21年12月14日以前の相続により相続税納税猶予制度の適用を受けている市街化区域以外の農地等

　　ただし、①の生産緑地を都市農地貸借円滑化法等により、②の農地を農地中間管理事業法等により貸し付けたときは、相続税納税猶予制度の適用を受けている農地（①の場合は生産緑地のみ）等が全て終生適用になります。

【相続税納税猶予制度の適用を受けた場合の例（東京都の畑の場合）】

ケースの想定

① 相続財産

　⑦ 畑1ヘクタール　　20,000万円
　　　（農業投資価格 ＝ 10アール当たり84万円　84万円 × 10 ＝ 840万円）
　④ 宅　地　　　　　　3,000万円
　⑤ 預貯金・証券等　　5,000万円

② 法定相続人

　3人（妻、長男、長女）

③ 遺産分割割合

　㋐　妻　　　　宅　地

　㋑　長　男　　畑1ヘクタール（農業相続人）

　㋒　長　女　　預貯金・証券等

<相続税納税猶予制度適用の有無による税額の比較（イメージ）>

制度の適用なし	制度の適用あり
① 遺産総額 計 28,000万円 （20,000 ＋ 3,000 ＋ 5,000）万円 ② 基礎控除額 4,800万円 3,000万円 ＋（600万円 × 3人） ③ 課税対象額 23,200万円　①－② ④ 相続税額 計5,020万円　㋐＋㋑×2 　㋐　妻 2,940万円 　　23,200万円 × 1／2（法定相続分）× 40％（税率）－ 1,700万円（控除額） 　㋑　子 1,040万円（1人分） 　　23,200万円 × 1／4（法定相続分）× 30％（税率）－ 700万円（控除額）	① 遺産総額 計 8,840万円 （840 ＋ 3,000 ＋ 5,000）万円 ② 基礎控除額 4,800万円 3,000万円 ＋（600万円 × 3人） ③ 課税対象額 4,040万円　①－② ④ 相続税額 計456万円　㋐＋㋑×2 　㋐　妻 253万円 　　4,040万円 × 1／2（法定相続分）× 15％（税率）－ 50万円（控除額） 　㋑　子 101.5万円（1人分） 　　4,040万円 × 1／4（法定相続分）× 15％（税率）－ 50万円（控除額）

　猶予税額　5,020万円 － 456万円 ＝ 4,564万円

＜相続税納税猶予制度の適用期限＞

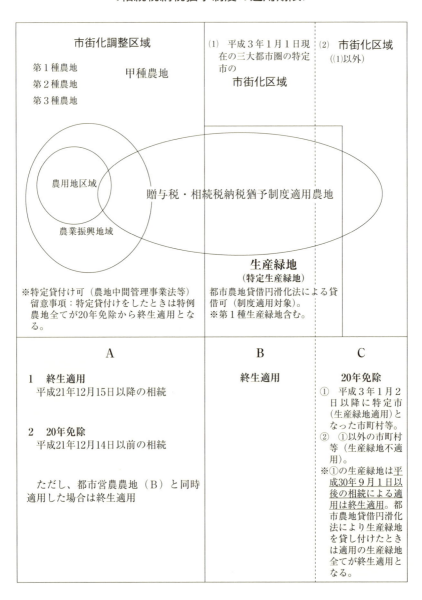

〔80〕 贈与税納税猶予制度の適用を受けるには

Q 農業経営をしています。最近、息子が就農し今後経営を継ぐことになりました。これを機に息子が経営主となり、私が所有する全ての農地を息子に贈与したいと考えています。その際に贈与税納税猶予制度の適用を受けたいと考えているのですが、要件等について教えてください。

A 贈与納税猶予制度は、農業経営者が所有する農地について、一定の要件を満たした農業後継者等（推定相続人の一人）に一括贈与（採草放牧地等は3分の2以上の贈与）をした場合に、その贈与者若しくは受贈者の死亡の日まで、贈与税を猶予するという制度です。贈与者が受贈者に、農地の所有権を移転するに当たっては、農業委員会で農地法3条の許可等を得る必要があります。なお、贈与者が死亡したときは、贈与税納税猶予制度の適用を受けた農地（以下「特例農地」といいます。）は、相続税の課税対象となることから、受贈者は、改めて相続税納税猶予制度の適用を受けることが一般的です。

解説

贈与税納税猶予制度は、要件（下記参照）を備えた推定相続人の一人に農地を一括贈与等をする必要があります。

また、贈与者が死亡したときは、受贈者が贈与を受けた農地は、相続や遺贈により取得したものとみなされることから、相続税の課税対象となること、あるいは、受贈者が死亡したときは、その農地は受贈者の推定相続人が相続することになること等を考慮して、本制度の適

用を受けて贈与するか否かを検討することが大切です。

　贈与税納税猶予制度の適用に当たっては、まず、贈与者が受贈者に農地の所有権を移転することになりますので、農業委員会に農地法3条の許可等の申請をします。

　受贈者は、農地法3条の許可等を得て農地の所有権を取得後、申請により農業委員会による「推定相続人に関する適格者証明」(以下「適格者証明」といいます。)の交付を受けます。

　適格者証明を受ける推定相続人の要件は下記のとおりです(全てを満たす必要があります。)。

① 農地等を取得した日の年齢が18歳以上であること
② 農地等を取得した日まで引き続き3年以上農業に従事していたこと
③ 農地等を取得した日以後、速やかに農業経営を行うこと
④ 証明時に担い手(認定農業者、認定新規就農者、基本構想水準到達者)となっていること

　特例農地は、贈与者若しくは受贈者の死亡の日(期限)まで贈与税の納税が猶予され、死亡の日に贈与税が免除になります。

　免除の期限までは、原則、農業を継続することが要件となっており、仮に、特例農地を売却したり転用する、農業経営を廃止したり不耕作等となった場合は、猶予の期限が確定し(以下「期限の確定」といいます。)、2か月以内に猶予税額に利子税を付して納付することになります(租特70の4①④⑤㉚・70の8・93)。

　制度の継続が不可(期限の確定)となった特例農地の面積が、原則、制度の適用を受けている総面積の20%以下の場合はその特例農地の部分の額を納税することになり(一部確定)、20%を超えた場合は適用を受けている全ての特例農地の継続が不可となり総面積の全額分を納税することになります(全部確定)。

特例農地の貸借は、一定の要件の下、農地中間管理事業法等（市街化区域外）に限定されています。

　贈与者が死亡したときは、死亡の日に贈与税が免除されることになりますが、相続税の課税対象となるため（租特70の5）、引き続き相続税納税猶予制度の適用を受ける受贈者が多いと想定されます。相続税納税猶予制度の適用を受けるためには、相続税の納税期限となる贈与者の死亡の日から10か月以内に、農業委員会から「相続税の納税猶予に関する適格者証明書」の交付を受けることが必要となります（〔79〕参照）。

〔81〕 相続税の申告期限までに遺産分割協議が調わない場合のデメリットや申告は

Q 農業経営をしていた父親が亡くなり、農地を相続する予定ですが、他の相続人との話合いが進まず、相続税の申告期限までに遺産分割協議が調いそうにありません。特に、農地を相続するに当たり申告期限までに遺産分割協議が調わない場合のデメリットはありますか。また、申告期限に間に合わなかった時に納める相続税の額は、どのように算出し納付するのでしょうか。

A 相続税の申告期限までに遺産分割協議が調わないときは、法定相続分に基づいて**相続税額を算出して申告する**ことになります。その場合、相続人は、**相続税納税猶予制度の適用を受けることはできません**。また、その他の税額軽減の特例が受けられないことがあります。

解説

　相続税は、相続開始があったことを知った日の翌日から10か月以内に申告することが必要となります（相税27①）。期限までに遺産分割協議が調わない場合は、法定相続分に基づいて相続税額を算出して申告することになりますが、相続人は相続税納税猶予制度の適用のみならず、小規模宅地等の課税価格の特例や配偶者の税額軽減の特例を受けることはできません。

　一方、相続税申告書に、「申告期限後３年以内の分割見込書」を添付し、実際に、期限後３年以内に遺産分割協議が調ったときは、一定の

手続により、小規模宅地等の課税価格の特例や配偶者の税額軽減の特例の適用を受けることができます（相税19の2②、租特69の4④）。ただし、この場合においても相続税納税猶予制度の適用を受けることはできません。

　遺産分割協議が成立したときは、分割が行われた日の翌日から4か月以内に更正の請求を行うことで、税の還付を受けることができます（相税32）。

　また、相続税申告期限後3年以内において遺産分割協議が調わないやむを得ない事情がある場合において、申告期限後3年を経過する日の翌日から2か月を経過する日までに「遺産が未分割であることについてやむを得ない事由がある旨の承認申請書」を税務署に提出をし、承認を受けた場合には、相続税の申告期限後3年を経過しても特例の適用を受けることができます（相税令4の2、租特令40の2⑲）。

〔82〕 預貯金がなく相続税を全額納付できない場合は延納が可能か

Q 父親が亡くなり農地などの財産を相続しました。相続税を納付しなくてはならないのですが、預貯金がなく全額納付できません。このような場合は延納が可能でしょうか。

A 相続税が10万円を超え、金銭で納付することが困難である場合には、納税者の申請により、その納付を困難とする金額を限度として、担保を提供することにより、延納が可能です。この延納期間中は利子税の納付が必要となります。

解説

1 延納の要件

以下の全ての要件を充足する場合、延納申請をすることができます（相税38・39・52）。

① 相続税額が10万円を超えること。
② 金銭で納付することを困難とする事由があり、かつ、その納付を困難とする金額の範囲内であること。
③ 延納税額及び利子税の額に相当する担保を提供すること。
④ 延納申請に係る相続税の納付期限又は納付すべき日までに、延納申請書に担保提供関係書類を添付して税務署長に提出すること。

ただし、③について、延納税額が100万円以下で、かつ延納期間が3年以下である場合には担保を提供する必要はありません。

2　担保の種類

　延納の担保として提供できる財産は以下のとおりです（国税通則法50）。

①　国債及び地方債
②　社債その他の有価証券で税務署長等が確実と認めるもの
③　土　地
④　建物、立木、登記される船舶などで、保険に附したもの
⑤　鉄道財団、工場財団など
⑥　税務署長等が確実と認める保証人の保証
⑦　金　銭

〔83〕 相続税の納付に農地を物納できるのか

Q 相続税納付の期限が迫っています。対応が遅れ、期限までの金銭納付が困難なため、相続する市街化区域の農地を物納することで納付することは可能でしょうか。

A 要件を満たすことができれば、市街化区域の農地を物納することは可能だといえます。国税は、金銭で納付することが原則ですが、相続税に限っては、延納によっても金銭で納付することが困難な事由がある場合には、納税者の申請により、その納付を困難とする金額を限度として物納が可能です。

解説

次に掲げる全ての要件を満たしている場合に、物納を申請することができます（相税41、国税庁タックスアンサーNo.4214）。

① 延納によっても金銭で納付することを困難とする事由があり、かつ、その納付を困難とする金額を限度としていること。
② 物納申請財産は、納付すべき相続税額の課税価格計算の基礎となった相続財産のうち、日本国内に所在する次に掲げる財産及び順位（㋐から㋔の順）となること。

〈第1順位〉

㋐ 不動産、船舶、国債証券、地方債証券、上場株式等（特別の法律により法人の発行する債券及び出資証券を含みますが、短期社債等は除かれます。）
㋑ 不動産及び上場株式のうち物納劣後財産に該当するもの

〈第2順位〉

㋒ 非上場株式等（特別の法律により法人の発行する債券及び出資証券を含みますが、短期社債等は除かれます。）

㋓ 非上場株式のうち物納劣後財産に該当するもの

〈第3順位〉

㋔ 動 産

③ 物納に充てることができる財産は、物納に不適格な財産（管理処分不適格財産）に該当しないものであり、物納劣後財産に該当する場合には、他に物納に充てるべき適当な財産がないこと。

④ 物納しようとする相続税の納期限又は納付すべき日（物納申請期限）までに、物納申請書に物納手続関係書類を添付して税務署長に提出すること。

〔84〕 相続する農地が土地区画整理事業の施工中であるが、相続税納税猶予制度の適用を受けることはできるか

Q 生産緑地を相続します。今後、営農していくつもりですが、現在、土地区画整理事業により農地の状態ではなく耕作もできません。相続税納税猶予制度の適用を受けることは可能でしょうか。

A 相続税納税猶予制度の適用を受けることは可能と解せます。

解説

土地区画整理法における土地区画整理事業等の施工中のため耕作できない土地は、国税庁の通達により、「被相続人の農業の用に供されていた農地」として取り扱うことと規定されています（措通70の4－12・70の6－13）。

このため、今後も営農していくということであれば、本ケースの生産緑地は、相続税納税猶予制度の適用を受けることが可能と解せます。

〔85〕 相続税等納税猶予制度適用農地は不耕作にすると期限が確定（打切り）となるのか

Q 相続する農地について相続税納税猶予制度の適用を受けることを考えています。適用後に不耕作にすると期限が確定する（打切りとなる）のでしょうか。

A 相続税等納税猶予制度の適用を受けている農地（贈与税納税猶予適用農地を含みます。以下「特例農地」といいます。）が不耕作をはじめ耕作放棄の状態にある場合は、原則、制度の適用が打切り（以下「期限の確定」といいます。）となります。①平成17年4月1日以降の相続の発生（若しくは贈与）により納税猶予制度の適用を受けている特例農地は、耕作放棄等の状態が続くなど、農業委員会より「農地中間管理権の取得に関する協議の勧告」を受けたときに、②平成17年3月31日以前の相続の発生（若しくは贈与）により適用を受けている特例農地については、勧告後、当該農地に利用権等権利が設定されたときに、期限の確定になる措置が講じられます。

解 説

相続によりこれから相続税納税猶予制度の適用を受けようとするときは、上記①に該当することから、適用後、耕作放棄等の状態が続くなど、特例農地について、農業委員会より農地法36条1項の勧告を受けたとき（農業振興地域以外では勧告は対象外（農地35①）の措置となるため農地法36条1項の規定に該当したとき）は期限の確定となります（租特令40の6⑩・40の7⑨）。また、過去に相続税等納税猶予制度の適

用を受けている上記②に該当する特例農地は、利用権等権利の設定が農業振興地域にある農地に限られているため（農地35①）、農業振興地域以外の特例農地については、該当措置は適用されないと解せます。

なお、本措置以外に、耕作放棄等の状態が続いているときは、農業委員会による3年ごとの「引き続き農業経営を行っている旨の証明書」（昭51・7・7　51構改B1254別紙様式7）の交付を受けることができず、期限の確定となることがあります（租特70の4㉗・70の6㉜）。

期限の確定事由に該当したときは、2か月以内に所轄税務署に猶予税額に利子税を付して納付しなくてはなりません。また、特例農地の面積が制度の適用を受けている総面積の20％以下の場合はその特例農地の部分（一部確定）、20％を超えるときは適用を受けている全ての特例農地の相続税額を納税することになります（全部確定）（租特70の6）。

第4章 相続・遺贈・税制等

＜耕作放棄等による農地の遊休化と納税猶予期限の確定＞

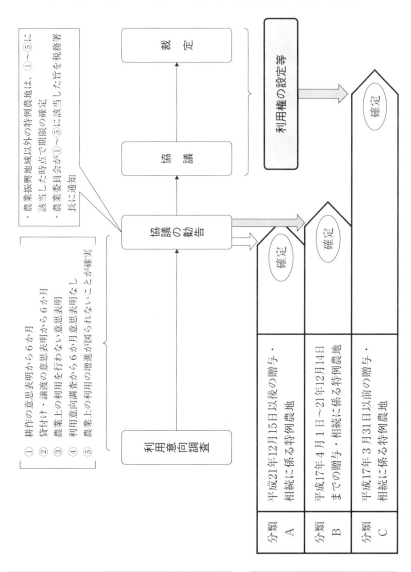

〔86〕 所有者の疾病等により相続税納税猶予制度適用農地を耕作できない状態となったときの営農困難時貸付けとは

Q 母親が相続税納税猶予制度の適用を受けている農地を所有しており、家族の手伝いを受けながらも耕作を続けていましたが、特別養護老人ホームに入所することになりました。そのため、耕作の継続が困難であり、農地の貸借を考えています。相続税納税猶予制度に営農困難時貸付けという仕組みがあるようですが、どのようなものなのでしょうか。

A 営農困難時貸付けとは、相続税（又は贈与税）の納税猶予の適用を受けている相続人（又は贈与者）が障害、疾病その他の事由により営農することが困難な状態となった場合、一定の要件のもと当該農地について貸付けを行うことができる制度です。

解説

　相続税（又は贈与税）納税猶予制度適用農地（以下「特例農地」といいます。）の所有者（適用者）が主に次のいずれかに該当する障害、疾病等に至ったときに、同制度の貸付けの対象となります（租特70の4㉒・70の6㉘、農林水産省ホームページ「営農困難時貸付け（身体障害等による貸付け）の概要」）。

① 精神障害者保健福祉手帳（障害等級が1級のもの）の交付を受けている。
② 身体障害者手帳（身体上の障害の程度が1級又は2級のもの）の交付を受けている。

③　介護保険制度の被保険者証（要介護状態区分が要介護5のもの）の交付を受けている。
④　障害等により、農業に従事することができなくなった故障を有するに至った旨の認定を受けている。

　なお、貸付けを行った日から2か月以内に所轄の税務署長に届出書を提出する必要があります。

　また、特例農地が市街化区域外に所在する場合は、特定貸付けの適用が優先されます。このため、市街化区域外に所在する場合は、特定貸付けの申込後1年を経過しても貸付けができなかった場合に限り、営農困難時貸付け（農地法3条の許可等を得る貸付け）が認められます。

　20年免除の特例農地については、特定貸付けを行ったときは終生適用に、営農困難時貸付けの場合は20年免除のまま継続がされます。

〔87〕 相続税納税猶予制度適用農地が収用されたときの特例は

Q 相続税納税猶予制度適用農地を所有し耕作しています。国道を拡張するためこの農地が収用されることになりました。公共事業で収用され、期限の確定（制度の適用が打切り）となった場合も本税と利子税を納付するのでしょうか。また、新たな農地を取得し、代わりにその農地が相続税納税猶予制度の適用を受ければ、期限の確定にならない特例があると聞いたのですが、どのような制度なのでしょうか。

A 公共収用等のため相続税納税猶予制度適用農地（以下「特例農地」といいます。）を譲渡したときは、特例措置により利子税が免除されます。また、譲渡してから1年以内に特例農地となり得る同金額の代替農地を取得し、その農地に相続税納税猶予制度を付け替える（適用する）ことで、譲渡はなかったとみなす「買換えの特例」という制度があります。

解説

　公共収用等のため特例農地を譲渡する場合は、平成25年3月31日までは利子税を2分の1とする措置がとられていましたが、税制改正（平成26年度）により、平成26年4月1日から令和8年3月31日の間においては利子税の全額を免除する措置がとられています。
　また、買換えの特例を受けるには、必ず譲渡から1年以内に特例農地となり得る（〔10〕参照）同金額の代替農地を取得し、譲渡した日から1か月以内に所轄の税務署に「代替農地等の取得等に関する承認申

請書」を提出し、代替農地を取得後、遅滞なく「代替農地等の取得価額等の明細書」を提出することが必要です（租特70の6⑳三、租特令40の7㉝）。

　なお、三大都市圏の特定市においては、公共収用等のために特例農地を譲渡する場合に限り、新たに代替農地を所得せずとも、相続時に特例農地としなかった市街化区域の農地を譲渡後1年以内に生産緑地の指定を受け代替農地に代えることが可能です。

〔88〕 農地中間管理事業により農業振興地域の農用地を売買するときは、税の控除が受けられるのか

Q 経営規模拡大のため、農業振興地域の農用地区域にある農地を購入したいと考えています。農地中間管理事業により所有権を取得したときに税の控除が受けられると聞いたのですが、要件等はあるのでしょうか。

A 農業振興地域の農用地区域で、農業委員会のあっせんや農地中間管理機構による農地売買等事業等により農地の所有権を取得した者は、一定の要件を満たすことで、**登録免許税の税率の軽減措置・不動産取得税の特例等**の適用を受けることができます。

解 説

農業委員会が農地移動適正化あっせん基準を定めており、農地の所有権を取得した者が本基準の要件を満たしているときは、下記の税控除を受けることができます。

（1） 登録免許税の税率の軽減措置

農用地利用集積等促進計画に基づき農用地区域内にある農用地等を取得した場合、所有権移転登記に係る登録免許税の税率を20／1000から10／1000に軽減する措置の適用を受けることができます（租特77）（令和8年3月31日まで）。

（2） 不動産取得税の特例

農用地利用集積等促進計画により農地を取得した場合には、不動産

取得税の課税標準の3分の1を控除する特例が受けることができます（地税附則11①）（令和7年3月31日まで）。

　なお、売主においても農業委員会のあっせんや農地中間管理事業等により農用地区域の農地を譲渡した場合は、譲渡所得税の特別控除を受けることができます（租特34の3②一・二・65の5①一）。

〔89〕 農業振興地域の農地を不耕作にすると固定資産税の控除が適用除外になるのか

Q 遠方にある実家に住む父親が農業振興地域の農地を所有しています。農業振興地域の農地を不耕作にすると固定資産税が増額されると聞いたのですが、どのようなケースで評価が上がる措置がとられるのでしょうか。

A 農業振興地域の農地が、不耕作等を事由に、農業委員会より、農地中間管理機構（以下「機構」といいます。）と協議すべき勧告を受けても、機構に貸し付けない場合等は、固定資産税の農地評価の控除が適用除外（固定資産税が約1.8倍になります。）になる措置がとられます。

解　説

　農地については、農業委員会が実施する農地利用状況調査（農地30・31）により、①耕作が認められず、かつ、引き続き耕作に供される見込みがない、②その農業上の利用の程度が周辺地域の農地の利用の程度に比べ著しく劣っていると認められるいずれかの場合は、判定後直ちに所有者等に対し利用意向調査が行われます（農地32）。

　調査後、正当な理由もなく、①耕作する意思がある旨の表明から6か月を経過した農地が不耕作の場合、②使用収益権等の設定の意思の表明がされてから6か月を経過した後にも使用収益権等の設定がされていない場合、③農業上の利用を行う意思がない場合、④意向調査実施から6か月経過した日においても意思の表明（調査回答）がない場

合、⑤農業上の利用の増進が図られないことが確実な場合等は、農業委員会より、機構と協議すべき勧告がなされます（農地36）。

　勧告を受けても、機構に貸し付けない場合等は、固定資産税の農地評価の控除が適用除外（固定資産税が1.8倍になります。）になる措置がとられます。

第 5 章

その他

(権利設定・移転等)

〔90〕 農地に区分地上権を設定する際に農地法の手続は必要か

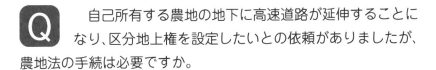自己所有する農地の地下に高速道路が延伸することになり、区分地上権を設定したいとの依頼がありましたが、農地法の手続は必要ですか。

区分地上権を設定するには、農地転用の手続ではなく、農地法3条の許可を得ることが必要です。

解説

　区分地上権については、農地法3条1項に規定されている権利であり、権利の設定に当たっては、農業委員会より農地法3条の許可を得る必要があります（〔1〕参照）。

　なお、民法269条の2第1項の地上権又はこれと同じくするその他の権利の設定については、農地法3条の許可要件が適用除外とされています（農地3②）。

〔91〕 農地の上空に高圧電線を通すため地役権を設定する際に農地法の手続は必要か

Q 自己所有する農地の上空に高圧電線を通すため、電力会社から農地に地役権を設定したいという依頼がありました。支障はなく耕作は継続するのですが、農地に権利設定を設定することから、農地法3条の許可が必要となるのでしょうか。

A 農地法3条の許可は不要だと解せます。

解説

地役権の内容については、民法280条にて「地役権者は、設定行為で定めた目的に従い、他人の土地を自己の土地の便益に供する権利を有する」等と規定されています。農地の上空に高圧電線を通すために電力会社が農地に地役権を設定するときには、通知（昭31・8・4民事甲1772）により、農地法3条の許可は不要と示されています。

なお、農地の地下に工作物を設置する等のため（昭44・6・17民事甲1214回答）や農地の全部を通行する等のために地役権を設定する場合（登記研究492号119頁）は通知等により農地法3条の許可が必要であることが示されています。

また、農地法3条の許可に当たっては、全部効率利用要件や農作業常時従事要件等の許可要件は適用除外となります。

〔92〕 農地に仮登記や抵当権を設定する際に農地法の手続は必要か

農地を所有していますが、この農地に仮登記や抵当権を設定する場合、農地法の手続は必要でしょうか。

農地に仮登記や抵当権を設定する場合には、農地法の手続は不要です。

解説

1 農地の仮登記

仮登記とは、売買契約が成立した際に、将来的な本登記（所有権移転登記）の順位を確保するために行われるものであり、所有権を移転させるものではなく、あくまで順位を確保するための手続であることから、農地法の手続は不要です。

2 農地の抵当権設定

農地法3条1項によると、農地又は採草放牧地について所有権を移転し、又は地上権、永小作権、質権、使用貸借による権利、賃借権若しくはその他の使用及び収益を目的とする権利を設定し、若しくは移転する場合に農地法の許可が必要となります。しかし、抵当権は、土地を担保に弁済を受ける権利であり、設定に当たり農地法3条の許可をはじめ農地関係法の手続は不要です。

〔93〕 古い抵当権（休眠抵当権）を抹消することはできるか

Q 50年以上前の古い抵当権が残っている農地を購入することを検討しています。現在の農地所有者は、既に抵当権に関する借金は返済したと話していますが、所有者が当該抵当権を抹消することは可能でしょうか。

A 抵当権の被担保債権である借入金等の完済を証明できるのであれば、所有者が当該抵当権の抹消登記を法務局に請求することは可能でしょう。

解説

1　抵当権とその抹消登記手続

　抵当権は、お金を貸すなどして債権を有する者が、その債権の回収をするための担保として、債務者又は第三者の不動産に設定する担保物権です（民369①）。抵当権は、被担保債権が消滅すると、それに付従して消滅します。

　したがって、抵当権の抹消登記をするためには、債権者が抹消登記に同意するか、完済など債権の消滅を証明することが必要になります。

2　本ケースにおける手続

　本ケースにおいては、農地所有者は既に抵当権に関する借金は返済したと話しているようです。それを証明できる書類等の証拠が残っていれば、それをもって、農地所有者が単独で抹消登記を請求することができるでしょう。

証明できるものがない場合は、抵当権者に連絡を取って抵当権の抹消に同意をもらうことが考えられます。

　抵当権者が所在不明で連絡が取れない場合、債権の弁済期から20年が経過している場合には、債権額、利息、遅延損害金を供託して抵当権登記を抹消することが考えられます。債権額が少額の場合にはこの手段も有用といえます（不登70④）。

　なお、抵当権者が既に解散している法人の場合、弁済期から30年を経過し、かつ、解散に日から30年を経過したときは、一定の要件の下、供託をしなくとも抵当権登記を抹消できる可能性があります（不登70の2）。

〔94〕 農地の共有持分を放棄したら他の共有者に権利が帰属するのか

Q 兄と二人の共有名義である農地があります。登記所にて自分の持分を放棄したときは、兄にその所有権は帰属するのでしょうか。

A 本ケースの農地は、二人の共有の農地ですので、自分の持分を放棄する意思表示をし、持分を放棄した場合には、結果として兄の単独所有となります。

解説

1 共有持分の放棄とは

共有持分の放棄とは、農地などの物を共有している場合に、他の共有者に対して、自己の持分を放棄する一方的な意思表示（単独行為）により、放棄した者の持分がなくなり、その分だけ他の共有者の持分が増えるものです（民255）。

共有者が二人の場合には、一人が放棄すればもう一人の持分が100％になりますので、結果としてもう一人の単独所有になります。

2 譲渡契約との違い

共有持分の放棄は、共有物の贈与や売買など、持分の譲渡側、譲受側双方の意思表示の合致（契約）により、持分を相手に移転（帰属）させるものとは異なり、共有者がいなくなったことにより、他の共有者が元々持っていた持分がその分だけ増えるというものです。

そのため新たな権利移転ではなく、農地法3条の許可は不要と考えられます。

3　持分放棄の方法

　共有持分の放棄は、他の共有者に対する一方的な意思表示をもって行いますので、登記所（法務局）に対して行うというものではありません。

　ただし、登記を移転することで対外的に共有持分の放棄を示すことができますので、他の共有者に対する意思表示の後、法務局において、他の共有者との共同申請による持分放棄の登記を行います。

　意思表示の方法は、口頭で伝えることも可能ですが、明確にするために、内容証明郵便にて行うことが望ましいでしょう。

（市民農園の開設）

〔95〕 市民農園の開設に農地制度の手続は必要か

Q 所有する農地を市民農園にしたいと考えています。自分で開設運営するか、可能であれば法人や市に農地を貸して市民農園用地として活用してもらいたいとも思っています。市民農園を開設するに当たり農地の法律の手続は必要ですか。

A 市民農園を開設するためには、農地の法律手続として、特定農地貸付法、市民農園整備促進法、都市農地貸借円滑化法（以下「市民農園関係法」といいます。）による承認等が必要となります。市民農園とは、住民等がレクリエーションとして農産物を栽培するため、小面積（10アール未満）の農地を、一定の期間（5年未満）、借りる農園と位置付けられています。都市農地貸借円滑化法による市民農園の開設は、生産緑地での第三者が開設する農園の場合に限られます。

なお、相続税納税猶予制度適用農地に市民農園を開設したときに期限の確定（適用の打切り）とされないのは生産緑地のみに限られています。

解説

市民農園開設のための市民農園関係法の手続は、開設主体が、①市町村又は農業協同組合、②農地所有者自ら、③農地を所有していない第三者のそれぞれにより異なります。

1 市町村又は農業協同組合が開設する市民農園

(1) 特定農地貸付法

① 市町村又は農業協同組合が貸付規程を作成し、農業委員会に承認申請を行う(特定農地貸付3①②、特定農地貸付則2)。

② 農業委員会の承認を受けた後、農地所有者と市町村又は農業協同組合が農地の貸借を行う。

③ 市町村又は農業協同組合は市民農園を開設する。

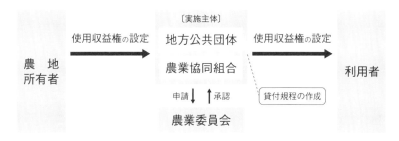

(2) 市民農園整備促進法

市民農園区域又は市街化区域の開設に限定されます。

整備運営計画の承認を受けることによって付帯設備(休憩所・講習所等)を設置することが可能です。

① 市町村又は農業協同組合が整備運営計画を作成し、市町村に承認申請を行う(市民農園7①②、市民農園則9・10)。

② 市町村は農業委員会の決定後、都道府県から同意を得て、承認する(市民農園7③④、市民農園令4)。

③ 市町村の承認を受けた後、農地所有者と市町村又は農業協同組合が農地の貸借を行う。

④ 市町村若しくは農業協同組合は市民農園を開設する。

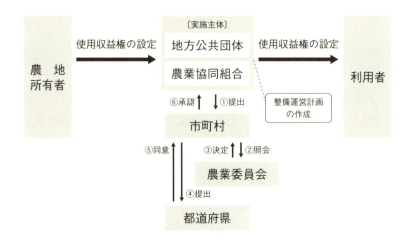

2 農地所有者が自らの農地で開設する市民農園

（1） 特定農地貸付法

① 農地所有者と市町村で貸付協定を締結する（特定農地貸付2②五イ）。
② 農地所有者が貸付規程を作成し、農業委員会に承認申請を行う（特定農地貸付3①②、特定農地貸付則2）。
③ 農地所有者は農業委員会の承認を受けた後、市民農園を開設する。

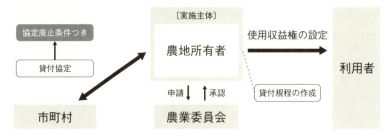

（2） 市民農園整備促進法

市民農園区域若しくは市街化区域の開設に限定されます。

整備運営計画の承認を受けることによって付帯設備（休憩所・講習所等）を設置することが可能です。

第5章　その他　　　183

① 農地所有者（開設者）と市町村で貸付協定を締結する（市民農園2②—イ）。
② 農地所有者（開設者）が整備運営計画を作成し市町村に承認申請を行う（市民農園7①②、市民農園則9・10）。
③ 市町村は農業委員会の決定後、都道府県から同意を得て、承認する（市民農園7③④、市民農園令4）。
④ 農地所有者は市町村の承認を受けた後、市民農園を開設する。

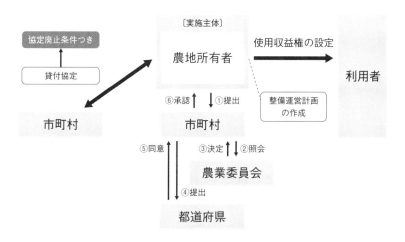

3　農地を所有していない第三者が開設する市民農園
（1）　特定農地貸付法
原則、生産緑地以外の農地での開設になります。
① 市民農園開設者と農地所有者と地方公共団体等の三者で貸付協定を締結する（特定農地貸付2②五ロ）。
② 市民農園開設者が貸付規程を作成し、農業委員会に承認申請を行う（特定農地貸付3①②、特定農地貸付則2）。
③ 農業委員会の承認を受けた後、市民農園開設者が地方公共団体等を経由して農地を借り受ける（特定農地貸付2②五ロ）。

④ 市民農園開設者は市民農園を開設する。

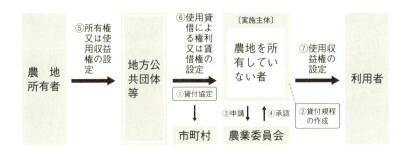

（２） 都市農地貸借円滑化法
生産緑地のみに限定されます。
① 市民農園開設者と生産緑地所有者と地方公共団体等の三者で貸付協定（協定廃止条件付き）を締結する（都市農地10一・二イ）。
② 市民農園開設者が貸付規程を作成し、農業委員会に承認申請を行う（都市農地11）。
③ 農業委員会の承認を受けた後、市民農園開設者と生産緑地所有者が生産緑地の貸借を行う。
④ 市民農園開設者は市民農園を開設する。

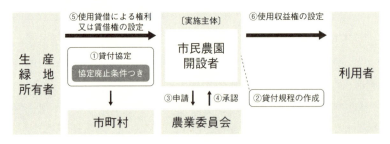

〔96〕 講習施設や休憩する建物が付帯する市民農園を開設する際の手続は

Q 市街化区域外の農地を所有していますが、国道に面しており、講習施設や休憩する建物が付帯する市民農園を開設したいと考えています。市民農園整備促進法で一括して手続が可能だそうですが、本法による市民農園の開設について教えてください。

A 市民農園整備促進法により市民農園を開設する場合は、講習施設や休憩施設などの市民農園施設を一括して整備することが可能です。

なお、同法で市民農園を開設できる地域は限定されています。

解 説

市民農園整備促進法による市民農園の開設は、市民農園区域若しくは市街化区域に限られています（市民農園4・7）。市民農園区域は、市民農園として利用することが適当である等として市町村長が指定した区域です。

市民農園整備促進法による市民農園の開設は、まず開設者が、整備運営計画を定め、申請書に添えて市町村に提出します（市民農園7①）。

整備運営計画が適切と認められれば、市町村長から計画認定を受け、市民農園施設（以下の※参照）を伴う市民農園を開設することができます（市民農園7③④）。

※市民農園施設の概要（市民農園令5）
① 休憩施設である建築物

② 農作業の講習の用に供する建築物
③ 簡易宿泊施設（専ら宿泊の用に供される施設で簡易なものをいいます。）である建築物
④ 管理事務所その他の管理施設である構築物

　なお、生産緑地に指定されている相続税納税猶予制度適用農地に限定して市民農園施設を設置しても期限の確定（制度の打切り）とはなりませんが（租特令40の7⑧）、次回の相続の際には、市民農園施設の設置部分については、相続税納税猶予制度の適用は受けることができません。

〔97〕 学校農園を開設するときの手続は市民農園と同じか

 農地を所有しているのですが、近隣の小学校から学校農園として利用したいので貸してほしいとの依頼がありました。市民農園と同じ手続で進めればよいのでしょうか。

 農地法3条許可の手続が必要となります。

解 説

　学校農園は市民農園に該当しません。学校農園を開くために学校が畑を借りる場合は、農地法3条の許可を得て借りることになります。

　本ケースの学校農園は「教育、医療又は社会福祉事業を行うことを目的として設立された法人等がその権利を取得しようとする農地又は採草放牧地を当該目的に係る業務の運営に必要な施設のように供されること」(農地令2①一ハ)に該当すると想定され、この場合は農地法3条の許可に当たって、①全部効率利用要件、②農作業常時従事要件、③法人要件等の許可要件等は、適用除外として取り扱われます。

〔98〕 生産緑地に市民農園を開設するときの留意点は

Q 所有する生産緑地を、法人が運営する市民農園の用地として貸すことを検討しています。生産緑地に市民農園を開設する際の留意点はありますか。

A 生産緑地に市民農園を開設するときは、①所有者（貸付人）に相続が発生した場合に備えること、②相続税納税猶予制度の適用の有無に留意することが重要です。

解 説

1 相続の発生に備える

　生産緑地の買取申出の事由の一つである「主たる従事者の死亡又は故障」については、その生産緑地において主となる従事者のほかに、「都市農地貸借円滑化法又は特定農地貸付法（市民農園整備促進法を含みます。）の用に供される生産緑地にあっては当該生産緑地の主たる従事者が農林漁業の業務に1年間従事した日数の1割以上従事した者（貸付人・農地所有者）」も「主たる従事者」と認められます（生産緑地10②、生産緑地則3二）（〔24〕参照）。

　このため、市民農園を開設しようとする農地が生産緑地の指定を受けているときは、相続時に備え、当該生産緑地で農地所有者が一定程度の農作業等に従事することが望まれます（租特70の6の4・70の6、租特令40の7）。

2 相続税納税猶予制度の適用を受けている生産緑地に市民農園を開設したときの手続等

　生産緑地であって相続税納税猶予制度適用農地に市民農園を開設す

第 5 章　その他

るために、開設主体が都市農地貸借円滑化法の承認等（〔95〕参照）を得た後は、農業委員会長若しくは市町村長より「農園用地貸付けを行った旨の証明」の交付を受け、管轄の税務署に本証明等を添付し、「相続税の納税猶予の認定都市農地貸付け等に関する届出書」を提出します（租特70の6の4①）。

　貸借後、3年ごとに所轄税務署に提出している継続届出書については、農業委員会より「引き続き農園用地貸付け等を行っている旨の証明」の交付を受け、届出書に添付することになります。

　市民農園を閉園するときは、①自ら耕作を開始する、若しくは、②新たな認定都市農地貸付け若しくは農園用地貸付け（以下「認定都市農地貸付け等」といいます。）をすることで相続税納税猶予制度の適用が継続します。その場合、市民農園の閉園若しくは当該生産緑地の返還を受けた日から2か月以内に上記①や②について農業委員会等の証明書を添付し、その旨を管轄の税務署に届け出ることが必要です（租特70の6の4④）。

　また、2か月以内に上記①や②が実行できないときは、1年以内に新たな認定都市農地貸付け等を行う見込みであることについて税務署長の承認を受け（租特70の6の4④、租特令40の7の4⑤）、承認が却下されたとき、若しくは承認を受け生産緑地の返還を受けた日より1年以内に認定都市農地貸付け等を行うことができなかった場合は、相続税納税猶予制度の期限が確定する（打切りとなる）ことになります。

〔99〕 相続税納税猶予制度の適用を受けたまま市民農園を開設することはできるのか

Q 市街化区域の農地を所有しており、相続税納税猶予制度の適用を受けています。この農地に自ら運営する市民農園を開設しようと考えています。相続税納税猶予制度の適用を受けたまま市民農園を開設することは可能でしょうか。

A 市民農園を開設したときに相続税納税猶予制度が継続する農地は、生産緑地に限られます。さらに、農地所有者が開設する市民農園では、市町村と締結する貸付協定に協定廃止条件を盛り込むことで猶予が継続することになります。

解説

　生産緑地で相続税納税猶予制度の適用を受けている農地(以下「特例農地」といいます。)に市民農園を開設したときは、2か月以内に、農業委員会若しくは市町村より「農園用地貸付けを行った旨の証明」の交付を受け、管轄の税務署に「相続税の納税猶予の認定都市農地貸付け等に関する届出書」とともに提出します。

　開設後、3年ごとに提出している継続届出書は「引き続き農園用地貸付け等を行っている旨の証明」の交付を農業委員会より受け、届出書に添付して、所轄の税務署に提出します(租特70の6の4③)。

　なお、市民農園を閉園するときは、①自ら耕作を開始する、若しくは、②新たに貸付け(都市農地貸借円滑化法等)をすることで特例農地が継続します。

　その際、市民農園を閉園した2か月以内に、農業委員会等の証明書

を添付し、その旨を所轄の税務署に届け出ます（租特70の6の4④）。また、2か月以内に、自ら耕作を開始する、若しくは新たに貸付け等ができないときは、1年以内に新たな貸付け等を行う見込みであることについて税務署長の承認を受け（租特70の6の4④⑤）、閉園から1年以内に新たな貸付け等ができないときは、特例農地は期限の確定（打切り）となります。

〔100〕 市民農園で育てた野菜は販売できるのか

Q 利用している市民農園にて、野菜が多く収穫できたので売りたいと考えています。市民農園で栽培した野菜を売ることは可能でしょうか。

A 市民農園の利用は、法令上、農産物の販売目的での利用を前提としていません。ただし、農林水産省の通知にて、自家消費量を超える農産物については、第三者に販売可能であることが示されています。

解 説

　市民農園の入園者への小面積の農地の貸付けは「営利を目的としない農作物の栽培の用に供するための農地の貸付け」と規定されています（特定農地貸付2②二）。このため、農産物の販売目的による市民農園の利用は前提とされていません。

　ただし、農林水産省の通知において、自家消費量を超える農産物の販売については、「地産地消や食育の推進、都市と農山漁村の交流体験の促進、都市部の利用者による農地の遊休化の防止という観点から望ましいとも考えられる」とされ、レクリエーションなどを動機として農作業が行われていれば、自家消費量を超える農産物を販売等しても問題ないとの解釈が示されています（平18・3・28　17農振2038）。

　ただし、農産物を販売する場合には、通常の農産物生産に課されている農薬の使用方法に関する義務等に加えて、JAS法（日本農林規格等に関する法律）に基づく表示の義務や農薬散布についての法令及び通知などを遵守する必要があります。

（登　記）

〔101〕 登記官の照会により地目変更する際の手続は

Q 市街化区域に自宅を所有しており、登記地目が「畑」です。登記地目を「宅地」に変更したいのですが、過去に農地転用届出をしたか不明であり、登記官の照会で変更したいと考えています。どのような手続の流れになりますか。

A 登記官の照会による地目変更を行うには、法務局に地目変更登記の申請を行います。その後、登記官から農業委員会に、その土地について農地法の転用許可等の有無、現況が農地であるか否かなどについて照会がされます。その結果、地目変更登記が可能か否かが判断されます。

解　説

　登記地目が「畑」「田」で農地転用の許可書等の添付がない土地の地目変更登記の申請が行われた場合は、登記官は農業委員会に照会をします（昭56・8・28　56構改B1345）。照会を受けた農業委員会は、過去の転用許可等が確認できた場合はその旨を登記官に回答し、農地所有者は地目変更登記が可能となります。

　転用許可等を確認できない場合は、現地調査等を実施し、都道府県に原状回復命令の発出予定の有無を確認した上で、登記官に回答します。原状回復命令が発出される場合には、地目変更登記はできず、原状回復の必要があります。

　ただし、転用許可等が確認されなくても既に転用されてから長期間が経過している等の理由により都道府県等より原状回復命令の指示がない場合は、登記地目の変更が可能となります。

〔102〕 登記地目が畑の土地を非農地証明により地目変更することは可能か

Q 市街化区域以外に所在する自宅の登記地目が「畑」です。登記地目を「宅地」に変更したいのですが、自宅には30年以上前から住んでおり、過去に農地転用の許可を得たかは不明です。非農地証明という方法で地目変更が可能と聞いたのですが、できますか。

A 非農地証明は、その土地が農地法上の農地ではないことを証明するものです。非農地証明により、法務局での登記地目の変更が可能となります。

解説

　非農地証明は、行政上のサービス行為として、その土地の現況が農地法上の農地ではないことを証明するものです。

　非農地証明を得るには、農業委員会等に非農地証明願等を提出し申請することが一般的となっていますが、サービス行為のため、自治体によって、実施していない場合や具体的な手続等が異なります。

　また、農業委員会は農地法30条の農地利用状況調査等の結果、原則、当該地に構築物等が存在せず、農業上の利用の増進が見込まれない等の場合には、その土地が農地法上の農地に該当しない旨の判断をすることがあります（本人の申請による判断も可）（〔15〕参照）。

　農地に該当しないと判断したときには、農業委員会は、土地の所有者、都道府県、市町村、法務局等にその旨を通知することとなっています（運用通知第4(3)ウ）。

第5章　その他　　　　　　　　　　195

〔103〕　登記地目を「宅地」から「農地」に変更すると
　　　　きに農地法の手続は必要か

　　畑として長年耕作していた農地の登記地目が「宅地」
　　　でした。登記地目を「宅地」から「畑」に変更したいの
ですが、農地法の手続は必要でしょうか。

　　登記地目を「宅地」から「畑」に変更する場合には、
　　　農地法の手続は必要ないと解せます。

解　説

　「畑」から「宅地」への地目変更登記は、通知（昭56・8・28　56構改B1345）により農地法の手続が必要とされています（〔14〕〔101〕参照）。しかし、相談内容にある「宅地」から「畑」への地目変更登記は、通常の地目変更となることから、不動産登記法28条に規定されている「表示に関する登記は、登記官が、職権ですることができる」に従い、登記官の権限で行うものであり、農地法上の手続は要しないものと解せます。

[104] 農地を信託することはできるのか

 農地を銀行に信託するか検討しています。農地に銀行名義の信託登記をすることは可能でしょうか。

 原則として、農地に銀行名義の信託登記をすることはできません。

解説

　信託銀行などの銀行が農地を信託財産として信託の引受けをしようとするならば、農地法3条1項の許可が必要になりますが、同法3条2項3号により、原則として信託の引受けにより所有権等の権利が取得される場合には、3条1項の許可をすることができないと定められています。
　ただし、例外的に農業協同組合法10条3項の信託の引受けの事業を行う農業協同組合が信託の引受けにより所有権を取得する場合には、認められています（農地3①十四）。
　本ケースで農地を信託しようとしている銀行が、農協が行う金融事業を含めた金融機関一般を指しているのかは定かではありませんが、農協が行う農業協同組合法10条3項の場合ではなく、一般の銀行である場合には、所有権の移転について農地法の許可を得ることができませんので、信託登記（登記原因を信託とする所有権移転登記）もすることができません。

Q&A
農地の権利移動・転用許可の判断
―要否・許否・手続―

令和6年11月13日 初版発行

共著　岩崎　紗矢佳
　　　松澤　龍人
　　　飯田　淳二
　　　村田　好光
　　　小嶋　俊洋

発行者　河合　誠一郎

発行所　新日本法規出版株式会社

本社総轄本部	(460-8455) 名古屋市中区栄1−23−20
東京本社	(162-8407) 東京都新宿区市谷砂土原町2−6
支社・営業所	札幌・仙台・関東・東京・名古屋・大阪・高松・広島・福岡
ホームページ	https://www.sn-hoki.co.jp/

【お問い合わせ窓口】
新日本法規出版コンタクトセンター
　0120-089-339（通話料無料）
●受付時間／9：00〜16：30（土日・祝日を除く）

※本書の無断転載・複製は、著作権法上の例外を除き禁じられています。
※落丁・乱丁本はお取替えします。
5100343　農地権利転用　　ⓒ岩崎紗矢佳 他 2024 Printed in Japan
ISBN978-4-7882-9401-1